昆明理工大学建筑与城市规划学院　建筑系

学生作品集萃　2006－2015

PORTFOLIOS OF THE STUDENTS' ARCHITECTURE PROGRAM
VOLUME.1 2006—2015
FACULTY OF ARCHITECTURE AND CITY PLANING
KUNMING UNIVERSITY OF SCIENCE AND TECHNOLOGY

华峰　叶涧枫　主编　　Hua Feng　Ye Jianfeng（Ed.）

中国建筑工业出版社

图书在版编目（CIP）数据

昆明理工大学建筑与城市规划学院　建筑系　学生作品
集萃　2006—2015/ 华峰，叶涧枫主编 .—北京：中国建
筑工业出版社，2016.5
　　ISBN 978-7-112-19384-4

　　I.①昆…　II.①华…②叶…　III.①建筑设计—作品集—
中国—现代　IV.① TU206

　　中国版本图书馆 CIP 数据核字（2016）第 087014 号

　　本集萃收编了昆明理工大学建筑与城市规划学院建筑学系近十年来一至五年级学生的优秀
作业，基本体现了建筑系学生当前的学业水平。本校建筑学的教学围绕建筑设计这条主线以及
人文、技术两条辅线进行课题设置和横向关联，一至五年级渐进式的定位为认知建筑、基本建
筑、特定建筑、系统建筑、综合建筑，已成为一个较为完善的体系。

责任编辑：陈　桦　王　惠
责任校对：陈晶晶　姜小莲

昆明理工大学建筑与城市规划学院　建筑系

学生作品集萃　2006—2015

PORTFOLIOS OF THE STUDENTS' ARCHITECTURE PROGRAM
VOLUME. 1 2006—2015
FACULTY OF ARCHITECTURE AND CITY PLANING
KUNMING UNIVERSITY OF SCIENCE AND TECHNOLOGY

华峰　叶涧枫　主编　　Hua Feng　Ye Jianfeng（Ed.）
　　＊
中国建筑工业出版社出版、发行（北京西郊百万庄）
各地新华书店、建筑书店经销
北京京点图文设计有限公司制版
北京方嘉彩色印刷有限责任公司印刷
　　＊
开本：880×1230 毫米　1/16　印张：11¼　字数：538 千字
2016 年 7 月第一版　2016 年 7 月第一次印刷
定价：99.00元
ISBN 978-7-112-19384-4
　　　（28603）

编委会

（按姓氏音序排序）

白　旭　柏文峰　车震宇　陈　桔　程海帆　何俊萍
华　峰　李莉萍　施维克　唐　文　王　冬　杨大禹
杨　毅　翟　辉　谭良斌　童袛伟　吴志宏　魏　雯
肖　晶　徐　皓　杨　健　叶涧枫　郑　溪

主　编

华　峰　叶涧枫

参　编

忽文婷　黎　南　肖　晶　张欣雁

序

昆明理工大学建筑与城市规划学院建筑系的学生作品集萃马上就要出版面世了，这对我们师生来说，是一件值得高兴的事儿！

昆明理工大学建筑与城市规划学院的建筑学教育始于 20 世纪 80 年代初，三十多年来，当中既有平稳快速的发展时期，也有筚路蓝缕的艰辛岁月。其行路上的风雨、蹉跎及其沧桑对当下而言也许就如同夜空中的流星，一划而过，也抑或可能被埋在记忆的土壤中，成为一种我们自己的历史传承……

如果可以用一两句话来概括昆工的建筑学教育，大约可这样描述："既受到我国那个时代建筑教育主要脉络的强烈牵引，又在迷茫中不断地执拗追寻自我，并力图表现出办学上的地方特征。"也就是说，昆工的建筑学教育一方面存在于难以说清谱系关系的"布扎"和"包豪斯"体系的源流之中，存在于通过东南大学等老八校对"空间"、"建构"咀嚼之后并东风西渐的过程之中，存在于清华大学等名校"广义建筑学——人居环境科学"话语浪潮的涟漪及其影响之中，存在于国家建筑学本科教育评估达标要求的那些体系和指标之中；而另一方面又存在于地处西南而由此生发的对"地方"、"边缘"、"族群"乃至"日常生活"和"基本建筑"的强烈关注之中，存在于广大师生对"乡土建筑"、"民间营造"直至"传统与当下"、"全球与地方"和"中国的现代性"不断的关照及其感悟之中，存在于昆明理工大学学校本身诸多现实问题、困境的治理之道及其适宜性解决的路径之中。一句话，昆工建筑教育的三十年就是不断地在"他我"和"自我"之间建构平衡并找寻突破的三十年。

经过多年探索，我们形成了一条以建筑设计课为主干并备以相关系列支撑课程的建筑学教学体系。具体到建筑设计课而言，从一年级到五年级我们将其分为一、二年级的"基础训练"阶段，三、四年级的"深化拓展阶段"和五年级及毕业设计的"综合提高"阶段；将一至五年级设计课教学主题分别定位为一年级的"认知建筑"、二年级的"基本建筑"、三年级的"特定建筑"、四年级的"系统建筑"和五年级的"综合建筑"；并由此组织和展开各个年级的设计课程教学以及教学研究。总体看，近年来我院学生建筑设计作业质量呈现出稳步提升的状态，本学生作品集中的优秀作业就是这种上升和进步的真实反映。

当然，我们仍然面临着自己的问题，在"他我"和"自我"的纠结中尚没有整体的突破。如果我们从地理的角度承认自己是中国的"边缘"的话，那我们在建筑教育上，则应呈现出一种更为主动的状态：和而不同与积极的"边缘"，这应该是我们的责任和使命所在！

2015 年 10 月于昆明

目 录
Contents

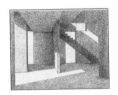

1

一年级设计
First Year Program Design

13

二年级设计
Second Year Program Design

33

三年级设计
Third Year Program Design

71

四年级设计
Fourth Year Program Design

119

五年级毕业设计
Fifth Year Graduation Design

三种教法和三种学法
——一年级设计基础教育教学思考

黎南

昆明理工大学／建筑与城市规划学院

摘要：昆明理工大学建筑设计基础教育延续了从布扎经包豪斯到 ETH 空间教学法的发展历程。从教法来看，布扎、包豪斯和 ETH 空间教学法各具特点；从学法来看，"做中学"为其核心。

关键词：布扎，包豪斯，苏黎世联邦理工学院空间教学法，模仿，探索，组合

三种教法——昆工建筑学设计基础教法演变

总体而言，昆工建筑系设计基础教法演变分为三个阶段。

第一个阶段是 20 世纪 70 年代末云南工学院建立建筑学系时所沿用的"布扎"体系表现版。包括水墨渲染和水彩水粉渲染，强调的是欧洲古典法式以及苏州园林意境的临摹和表现。训练的是学生的比例感尺度感以及百折不挠的细心和耐力。鸭嘴笔的滴墨、退晕时的色阶突变无疑是交图前同学们的噩梦。范画水准和作图关键节点示范是表现教学的秘诀所在。现在来看，所谓表现版指的是强化表现，强化渲染，而忽略了 parti et poche[1]，也就是古典完美空间是如何通过"套式"组织得来的，当然，PARTI 这种古典建筑布局设计的基本功相信当时在清华和东南等底蕴深厚的学校还是默默传承着的。

"布扎"教学有几个特点：

（1）手把手的师徒传承。当时还没有房地产这个单词，高考考生分不清土木和建筑学的比比皆是，因此师生比不会像现在的 1：12，而是 1：6 以下。师父看不下去卷卷袖口直接动手的场面在专教屡见不鲜。深厚师徒情谊在建筑系并不是神话。

（2）美术基础至关重要。现在的建筑系学生不知道为什么当时的建筑考生要加试美术。原因很简单：美术基础差的同学面对海量的素描和色彩作业时，会比较痛苦难耐。另外，手绘准确的学生会有极佳的比例感和尺度感，应该说这两种感觉是在大量纸上制作中要求手眼合一的。

（3）图面效果决定一切。当时谈不上图面比模型重要这一说，因为压根儿就不做模型。所以当时的作业现在来看，基本上就是走廊＋房间的布局。道理很简单：复杂空间的透视关系没法求或者没时间求。还有，图面形式一般不会考虑材料和建造，这直接造成 5 年级设计院实习时的工程师白眼相待。

我国建筑教育的"布扎"教学法在 20 世纪 80 年代末受到了由工业设计院校引入的包豪斯教学法的挑战。我系也引入了经典的三大构成教学——平面构成、色彩构成和立体构成。这种教学法确实让同学耳目一新：图底关系代替了图面临摹，色彩并置代替了退晕光感，材料搭建代替了纸面建筑。这种冲击感源于师生对艺术创造的渴望。要知道包豪斯是不教历史的。有一个著名的故事诠释了包豪斯的方法：阿尔伯斯（Josef Albers）有天拿着一叠纸走进教室，告诉学生用两个小时做个纸结构，然后翩然而去。下课前阿尔伯斯回到教室，挑出最好的作品点评其承载方式和形态构成，然后丢下一堆尚不得其门

而入的学生，再度翩然而去。包豪斯教学法有个前提，那就是老师和学生必须都是具备艺术天赋和创造激情的人，双方若有一方不匹配，那么教学效果就可想而知了。这个也可以解释，为什么包豪斯之后，国外采取类似教学法的最出色的匡溪艺术学院和库柏联盟，产出人才凤毛麟角的原因了。就我系而言，当时三大构成教学对建筑设计课的实际影响可以说是与想象有一定差距的。

那么，包豪斯教育对建筑教育的积极影响何在？

包豪斯教育关心的是工业化背景下，传统手工艺在批量化生产中，如何体现"大设计"的时代精神和物质建造。包豪斯有各种金工木工陶瓷纺织等工作坊，也有抽象化的造型分析课。对包豪斯教育而言，建筑只是"大设计"里面的门类之一，点线面的大尺度物质容器而已。应该说，包豪斯的教育为建筑的抽象理解和推广功不可没。

不过，从建筑本体论的角度看，空间毕竟是建筑的主角。美国 20 世纪 60 年代"德州骑士"为空间教育开拓了一系列方法，比如九宫格，先例解析等等。就国内建筑教育而言，东南大学和南京大学率先引入了 ETH 建筑系（德州骑士的欧洲传人）的空间教学法[2]，此风渐向西南，目前可以说是我系目前建筑基础教育的主导风向。

这个第三阶段的教学法也可以叫做 ETH 空间教学法。这种教学与"布扎"教学法相比较，也有三个特点。

（1）以空间教案为媒介的教学相长。师生不是通过表现性的图纸进行比对，而是通过空间问题解答的过程进行学习。这是一个用 photoshop 退晕秒开的时代，也是一个学生对抄绘模仿类作业照虎画猫而心生厌倦的时代。换言之，学生希望看到的题目既有明确的问题指向性，也能结合自己的特点做出个性多元的解答。毕竟，教师不得不面对当前扩招所形成的大批量生产设计师的任务。

（2）问题意识是贯穿设计教程的主旋律。ETH 空间教学法直截了当地提出了任何建筑设计都必须解决的三个问题：场地问题、空间问题和建造问题。建筑设计是对场地、空间以及建造问题的综合解答。场地方面涉及外部环境：气候风土为其物性，周遭气韵归属文脉；空间方面涉及内在需求：功能布局合理利用，空间组织秩序优美；建造方面则涉及物质实体：结构、构造涵盖于内，材料、技术流转其中。我系一年级实行的是建筑大类招生，也就是规划、建筑和景观的同学，要接受相同的空间设

计教育。毕竟，设计思路确是一致的。

（3）模型是推敲设计的重要手段。这里的模型即指实物意义的过程模型，也指数字化建模。这两种模型实际操作上是互相参照和互相推动的，前者的直观和后者的快速，为复杂空间的生成提供了非常好的条件。这两个设计工具的引入在 30 年前是不可想象的。当然，没有概念逻辑推演的前提，建模也只是没有灵魂的技术操作罢了。

在此对三阶段或者三种建筑教学法做一个小结：

包豪斯强调精神和建造；"布扎"看重图纸和功夫；ETH 空间教学法关注问题和逻辑。三种流派其实在国内外建筑教学中都有践行者。大家都以为"布扎"已经消失，殊不知它在美国的圣母大学建筑系照样延续着（而梁、杨两位先生的母校宾大，曾经的布扎名校，现在则是参数化设计的重镇之一）。关键还是看各校建筑学办学的主旨为何。目前来看，国内以 ETH 空间教学法为主、"布扎"或包豪斯为辅，已然是建筑基础教育的主流。

相较于包豪斯的神秘情调，"布扎"的"铁杵磨成针"功夫，ETH 空间教学法的最大优势在于问题分解的可操作性。下篇就此结合设计的三种学法具体加以说明。

三种学设计的方法

现在我们换个角度，从学生的视角看一下，学设计的方法究竟是哪些。首先厘清设计 design 的内涵是什么？"设计"一词通常被认为与英文 "design" 相对应，或被看作后者的意译。"design" 的词源可以追溯到拉丁语的 "designare"，这个拉丁词的基本意思是 " 画上记号 "。查 1989 年版的韦氏英语辞典（The New Lexicon Webster's Dictionary of The English Language）可知，作名词用的 "design" 意思 是：装饰图案；做成某事的指令；图画的形式构成；在家具等当中促成 " 风格样式 " 的形式、色彩、材料等的配置；整体当中部分与部分的结合；头脑中构想的设计 ，目的、意图（复数）；获得某物的图谋，如占人钱财的企图。作动词用的 "design" 意思是：发明创造；为制作某物制定计划；绘制略图或制作模型；在头脑中 构想筹划，为达到特定目的而做计划。在这里就个人的理解简化一下。作为名词的"设计"指的是形式和内容的生成结果；作为动词的"设计"是如何操作形式以解决内容问题。

就学设计而言，无论学建筑设计，工业设计，服装设计，平面设计等等，都脱离不了"看"、"做"、"想"这三种方法，或者说"观察"、"动手"、"思考"这三种方法。三种学法的核心是动手——learning by doing（做中学）。道理很简单，只有做出东西来，学生自己和指导老师才可以交流，关于这个东西的视觉判断和价值判断。

就布扎—包豪斯—ETH 三种教法，模仿—探索—组合是分别对应的三种"动手"的实质。有一点必须说明，三种"动手"方法没有高下之分。略举两例，"模仿"类别下，有图纸抄绘员出身的赖特，也有求学期间做遍柯布作品模型的斯蒂文·霍尔。至于"实验"法和"组合"法的就不胜枚举了。

"动手"从易到难是模仿—组合—探索；学习兴奋度从高到低则是探索—组合—模仿；操作可控度从清晰到神秘是模仿—组合—探索。可以看出，以组合为先的空间教学法处于中游，符合大批量定制的设计教学标准。在空间教学法中，对建筑先例，特别是以密斯、柯布、赖特、阿尔托、路易康为现代建筑旗手为代表的作品先例分析，是其教学法的重要环节。恰似学棋，对于顶尖棋手的名局展开复盘研究，考察其运子的思路研判，对于新手的棋力提高是快速和有效的。同样，对于设计名作的先例分析，也可以使设计初学者明白建筑形式并非一厢情愿的主观设定，而是对于具体场地问题、功能问题以及建造问题的巧妙回答。而且，这种思路的培养会在以后的设计任务中潜移默化地以理性和逻辑的方式，或以拓扑关系，或以排列组合，彰显出其特定设计求解的最佳途径。

就当下昆工建筑学设计基础教育而言，二年级的设计教育主线是从单一空间到复合空间。而一年级的主线则是包豪斯的平面构成和立体构成（分别在两个学期的开始）打头阵，激发同学的创造性。然后是扎实的 ETH 空间教学法分项练习，培养同学的逻辑解题能力；副线是布扎体系范畴的图纸表达和表现训练（当然还有美术的素描色彩课程相配合），训练同学的专注度和手绘能力。

正如大千世界的多样性，设计基础课的教和学的方式也是多元的，强调三种教学法的差异，甚至夸大其对立，偏执于某端，其实并不明智。有教无类和体验优先始终应该是设计基础教学的宗旨，只有这样，和而不同的教学法才能体现出各自优点，焕发出教学相长的活力！

[1] 刘东洋（城市笔记人）在"布扎与西扎"一文中建议 parti 翻译为"套式"，poche 翻译为"柏拉图完型的内院"。
[2] 相关内容参阅朱雷《空间操作》一书 东南大学出版社。

基本建筑及建筑设计基础教学探讨

肖晶

昆明理工大学 / 建筑与城市规划学院

摘要：建筑学基础教学常常需要还原本专业的基本认知，以解决为什么教和到底教什么和怎么教的根本问题，而事实上做到这一点并不容易。本文从阐述基本建筑概念为开端，力争分析教学中常被忽视而实则很难把握的教学程度控制的问题。如能在建筑学基础教育整体认知上达成较一致的共识，将会对接下来具体的教学部署产生良好影响。

关键词：基本建筑，传递平衡，审美意识，程度控制，知识符号

1. 基本建筑

基本建筑是王冬教授提出的针对二年级教学的概念，对概括二年级整体教学目标、把控教学方向起到关键作用，目前二年级基本上是围绕这一概念来组织教学各项工作。但此概念提出后，对其内涵一直未形成较完整的共识。教学方式和路径应该是多元化，教师对基本建筑内涵的认知也须达到一个标准的高度，这样才能不至使得由于理解不同而致教学效果参差不齐。

基本建筑应该如何描述？只要对建筑学稍有了解就明白靠几行字的定义是无法回答这个问题的。这里的基本建筑概念是针对建筑学基础教学而言的，所以要将它放在一个适合它的范畴之内，不能无节制地放大。

从教师为学生所规定的设计题目看，基本建筑显然是相对于多数更复杂的建筑来说的，是要符合几方面条件而特意抽取的类型建筑。基地环境上，这种类型建筑设计题目要提供完整的环境关系，即各种场地条件，地形形态以及地形与周边环境的关系，尽量直观明了并形成完整的知识链。而且不管是由教师提供还是由学生自己测绘得来的地形条件，其复杂程度都要控制在作为初学者的学生能力范围以内。

功能关系上，功能环要简单清晰。所谓功能环是指任何一个建筑要达到基本功能目的所必须做到的功能组织关系，这种关系往往体现为几个主要功能彼此紧密联系形成一个闭合的功能圈，此外再有一些小的功能可以和圈上的主要功能直接相连，自此这些主次功能即形成一个基本的功能环。基本建筑的功能环相对来说关系单一或稍微复杂一些，更大规模的建筑则在基础的功能环基础上又发展出功能环，建筑越庞大，功能环越多，彼此环套，关系也愈复杂。

结构的逻辑关系上应便于理解和把控。建筑的结构类型比较多，这里选择的类型建筑用轻钢结构，小框架，混合结构，框架等结构体系在绝大多数情况下就能满足要求。结构问题这么早在这里明确，在以鼓励创意为主题的设计教学中显得不可思议，会理所当然地被认为限制自由思维。但多年实际教学中发现学生只有在结构关系出现在自己的方案中，并成为一个大问题时才不得已去考虑结构，他们基本上很少能把专门的结构课里的知识带到设计中来并理解它。当学生无法很好处理自己方案中的结构问题时，就会变得畏首畏尾，不敢前行，更难讲创意了。障碍早面对，早解除才能为后面的创意起飞创造条件。

2. 建筑设计基础教学探讨

2.1 历史沿革

昆明理工大学建筑与城市规划学院与全国其他院校一样经过合并与成立学院的起伏经历，迄今已三十一年。二年级的教学主要经历了二维表现、过渡时期、空间体验几大阶段。二维表现主要是指设计教学和作业要求的成果主要倾向于平面与立面推敲，20世纪70年代末国家刚从"文革"动乱中走出，建筑学受苏联影响巨大，整体水平与西方有隔代差距，建筑建成品无一例外的方盒子形象。本着经济原则建筑师很难有宽松创作自由，基本上做到平面适用，立面比例关系协调即可，早期云南建筑学教育也基本符合这一大背景。所谓过渡时期主要是指20世纪80年代中期到90年代中期这一时间段，改革开放使得西方的后现代与解构主义风潮涌入国内，对国内建筑学界产生深远影响，也引起了建筑师对云南本土建筑的现代创作实践。由于思维的滞后性，云南建筑教学体制上的变化不显著，但教师个体受外界思潮影响很大，思想意识的开放使得他们在教学中已明显冲破二维设计与表现的固有模式。从20世纪90年代末至今随着国家与西方经济的深度合作，建筑学受西方影响也更加全面，建筑学教育已全面进入空间理解和操作阶段，昆明理工大学建筑系近年积极向先进院校取经学习，一二年级的建筑学基础教育已从传统的强调平面技法进入空间训练体系的教学阶段。

2.2 目前基本情况

二年级建筑设计几个题目建筑面积从二三百平方米到二三千平方米不等，属于小型建筑题目，目前是休闲小筑、小住宅、幼儿园或小学以及社区活动中心四大主题。学生人数与教师人数比例为12:1。学生设计方案表现上要求全手绘，在电脑科技占据统治地位的时代，希望通过手绘锻炼保持学生心、手、脑的必要联系，为学生的草图思考留出准备空间。经过长期教学实践的积累，二年级教学整体上有了长足的进步，学生多次在全国性的评比中取得好成绩。这些进步的取得或许主要有如下几点原因：首先从学院、系的领导到普通教师对教学都有一个比较高的起点要求和认知，长期以来一直很重视与省外乃至国外优秀高校进行交流和学习，从而通过比较定位找到相对明晰的发展方向和努力目标；其次是教师在长期教学中逐渐形成了稳定的教学团队，教师队伍的稳定使得教师能从容的积累教学经验并通过分析研究教学方法稳步提升教学水平和教学质量；再者二年级教学团队的师资结构一直比较良性，使得教学发展规避跌宕而能够平稳前行。

2.3 探索措施

二年级学生刚接触设计，思维不免受构造与结构概念不清的限制，常因为担心结构太复杂而放弃一些方案创意，将建造与设计结合的教学似乎已成为势在必行，目前一些院校已推出

局部 1:1 模型的教学研究，这方面在师资专业结构上昆明理工还需完善，目前已开始进行较大比例模型构造推敲的教学实践。中国的中小学基础教育对二年级学生思维方式的影响深远，同学普遍差于提问也缺少探讨性的多方案比较的创作冲动，二维与三维关系在脑中的转换艰难。二年级教学组在学生一年级所受空间构成训练的基础上，从强调模型构成推敲与空间体验入手，加大力度训练。先最大限度地解绑同学的思维束缚，之后将草图思考结合进来，分步进入专业认知。这一定程度上颠覆了传统教学从草图入手的模式，目前休闲小筑的教学文件在这方面的探讨模式即已形成，需进一步分析和评价实践效果。

二年级的建筑设计教学目前是建筑、规划、风景园林三个专业的学生一起上，至少到目前为止并没有在学生的作业要求上做明显的差异要求。有教师曾试图在任务书上和图纸上进行一定的差异化设定和要求，经不同专业老师讨论后，整体上还是回到三个专业不做差异要求的固有模式。然而随着时间的推移，市场分工越来越细，要求也越来越趋向专业化，一些院校已明显将专业的深度要求加大以适应市场需求。我们学院的规划专业教师也感到了变化，尽管规划专业三年级已正式进入本专业的教学进程，规划专业老师还是感觉到要从二年级就要给学生教授本专业基本知识的必要性，在专业教师配置上提出了明确的要求，只是在二年级教案、任务书等教学文件上还未提出明确的目标和方向。风景园林相对于建筑与规划是较新的专业，整体教学在不断提高发展中，是否在二年级教学中适当延伸本专业基本知识这个问题上，风景园林教师的争议较大。所以从目前来看关于二年级教学是否进行专业差异化涉及、涉及深度如何这样的问题还需要时间讨论和观察。但有一点是明确的，即不论怎样总是要保证各专业学习应有的时间积累。如果专业差异化涉及形成共识，下一步在具体教学上如何做到兼顾的平衡就是一件需要深度研究的课题。

建筑学不像一般设计门类能够轻装前行，而是承受着无数方面的强大制约，所以建筑学的创意主要来源于体验、积累以及设计师的反思能力。这些要求是二年级学生的天然短板，尽管异常艰难，教学上仍需进行创意启蒙，二年级从教学安排上目前主要是强调调研的重要性，调研的评判标准即注重推理，更推崇体验。此外有教师提出在教学环节中加入阅读讨论环节，由于涉及时间短缺的问题，仍需谨慎研究，但读书与阅读对于培养学生的思考能力至关重要，也是教学不能回避的议题。

2.4 思考与梳理

2.4.1 知识符号的选择

有一种看法认为建筑设计的语言就是图纸，这种观点至少不够全面，因为图纸主要在建筑设计后期发挥作用，由于真正的建筑有艺术层面的特质，设计的初期有很大的情感、经验要素作为设计初衷，所以建筑师会在初期绘制大量各种角度、各种场景、各种细节以及内部空间的草图。要注意的是这些草图本质上与图纸完全不同，图纸是对一栋建筑的逻辑性描述和转换。苏珊·朗格认为语言是一种将生活中的事物反映为推理模式的符号，也就是说语言具有推理和描述特性，这和图纸的性质可以说是异曲同工，但情感直觉无法用推理表述。也就是说情感无法用语言和图纸表达，所以草图的不可替代性在建筑设计中尤为明显，在教学中必须要求学生在设计前期学会使用草图推敲和思考。教师在设计前期应尽量亲自用草图示范或展示草图案例来启发学生。目前看来教师在设计前期的知识符号选择

上，还是语言文字过多而草图示范不足。

2.4.2 知识点传递的平衡

建筑设计指导过程中会不断出现建筑知识的讲授情况，知识讲授的时间点控制需要老师精心设定，因为每个组的同学情况都有很大差异，讲早了或讲晚了教学效果差异也很大。然而比起时间点，知识符号的选择、知识点的数量、知识点的深度以及知识点之间的逻辑关系要更难和复杂得多。多数教师是根据所带组内的同学情况进行教学内容的设定，这当然是必要的，但一直以来由于缺少对知识传递平衡的认知，常会出现的困惑就是知识符号选择不当以及知识点教授要么过度要么不足。知识点在教学中的平衡与程度控制不易引起注意，但却真切地影响着教学。

具体教学中还应注意各个设计题目内容侧重点布局的平衡。小茶室类的小型休闲建筑由于功能较易把握，可以多向形体构成和建筑构造上倾斜，设计理念以环境要素为主要考量；小住宅类的设计则主要向建筑功能关系和室内空间尺度方面倾斜，构成关系不能以牺牲功能舒适为代价，理念上可考虑经济性和就地取材等方向；小学、幼儿园设计功能规范性较强，须引导学生多研究规范，注意规划知识教授的同时强调构造和结构的安全性，形体构成主要落脚在群体构成，理念上关照课间场域交往；社区活动中心理念上应以社区日常生活为先导，形体构成以与社区融合为原则，不求标新立异特立独行，功能注重功能区划分和流线组织。

2.4.3 美感认知平衡

在教学实践中常发现方案在技术功能基本解决后进入形态设计阶段时遇到明显的沟通制约，主要原因是教师的美感认知与学生并不在一个层面上，常常只是教师在兴致勃勃地谈。学生虽然在一年级有了关于建筑知识的了解和平面空间的初步训练，但对建筑的美感认知尚处于知觉意识的水平上。知觉意识不同于审美意识，审美意识是指思维主体要能够批判辩证的看待对象的美学特征。让知觉意识向审美意识转化从而使师生进入一个共同的对话平台非常必要，做到这点在教学上尽管异常艰难，却是教师不能回避的责任。

3 结语

尽管整体上二年级教学有了长足的进步，但是，如果更深地剖析的话，就会意识到这主要还是相对于自己而言，这些年全国高校的建筑学教育发展蓬勃，放到全国看，我们与优秀的高校相比还有很大差距。关于这一点个人以为要辩证地来看，一直关注全国建筑学教育发展动向是必需和必要的，闭门造车没有出路，但盲目跟随恐怕也有很大问题。因为要理性承认地域、生源、师资的较大差异，这也远不止是教学特色这样的老话题。提特色当然无可厚非，但我认为如果没有对建筑学、建筑设计、建筑学教学有自己的真切认识和深入理解，就一定会盲目跟随，有如浮萍，更没有谈特色的基本条件。长期的教学探索是艰辛的，也一度是迷茫的，我们有很清晰的教学方向和目标，但似乎对到达这些目标的方法纠结反复，有时也会不得要领，我们逐渐认识到对学生的自身能力、心理意识的理解不够深入以及教师自身对专业和教学理解还不够透彻，这必然会对教学产生迟滞效应，在这样的条件下靠追随先进高校的步伐恐怕只能是望梅止渴，如果静下心来反观建筑学教育的本质，我们还是可以得到很多新的收获。

■ 以解决学科问题为导向的三年级建筑设计课程教改探讨

白旭　叶涧枫
昆明理工大学／建筑与城市规划学院

摘要：三年级是基础教育与专业教育的"交接点"。在此阶段的建筑设计课程教改中，我们以"建筑方案设计及表达能力培养"为目标，以"观念引导"、"过程把控"、"方法教育"为重点，将它们落实到"山地酒店"、"文化传习馆"、"城市住居单元"课题教学中。本文总结课题教学经验。
关键词：去类化，程式化，数字化

1. 教学概况

在昆明理工大学建筑学本科生"2+1+2"专业课程教学体系及计划，三年级是基础教育的"结束"、专业教育的"开始"（图1）。

在三年级建筑设计课程教学中，我们以"建筑方案设计及表达能力培养"为目标，以"形象思维"、"图式语言"、"形态建构"等为基础，以"观念引导"、"过程把控"、"方法教育"为重点，同时将它们落实到"山地酒店"、"文化传习馆"、"城市住居单元"课题教学中。

2. 教学问题

目前，建筑设计与中外建筑史、场地设计原理、建筑设计原理、建筑及环境物理、建筑法规等理论课的"教学分离"，以及与建筑力学及结构选型、建筑材料与构造等技术课的"教学分离"，这似乎是建筑学教育发展过程中的"通病"。建筑设计课作为建筑学骨干课程、实践环节课，"其课程教学迫切需要得到理论课、技术课的教学支持与协助"这一观点得到了广泛的认知与认同，并成为建筑学教学改革中的热点。

通过分析建筑设计课与其他教学课程的结合点，其结合方式大致有三种：一是在建筑设计课程教学中增加"实地调研"、"案例解析"等教学环节。二是让理论课、技术课任课教师参与建筑设计课程教学指导、方案评价，以加强不同课程教学间的横向联系。三是让建筑设计课任课教师参与古建筑测绘实习、建构实作、建筑施工图设计等建筑设计后续课程、实践环节，以加强实践环节课的纵向联系。

3. 教学改革

研究建筑学科发展趋势，解读《建筑学本科指导性专业规范》，在借鉴兄弟院校的专业课程教学实践经验的基础上结合昆明理工大学的实际，我们对三年级建筑设计课程作出："去类化"、"程式化"、"数字化"的教学改革。

"去类化"教改中，我们围绕"场地与环境"、"空间与功能"、"形式与建构"问题，"地理与气候"、"人文与法规"、"技术与经济"解题条件，设定多层以下、中等规模、综合体设计课题，探讨空间环境"形"、"量"、"质"特性及变化。

"程式化"教改中，我们制定"课题遴选→集体备课→方案试做→分组指导→方案评价"以及"实地调研→场地规划→案例解析→建筑设计→成果表达"教学程序，让理论课、技术

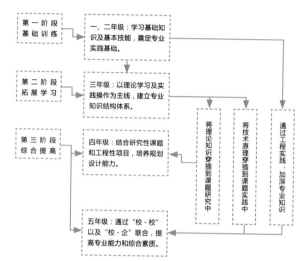

图1　"2+1+2"专业课程体系及计划示意图

程序	时间（8周×8学时／周）	内容及要求
课题研究	第1周：2014.9.16-9.19	山地及其环境景观。酒店功能构成及运营管理。山地酒店及环境的"形"、"量"、"质"导控。
实态调研	第2周：2014.9.23	云南省安宁市玉龙湾旅游度假区的地形地貌、气候风向、自然景观。
场地规划	第2-3周：2014.9.26-9.30	可建设用地范围。道路结构选线与形式设计。建筑群体的集中与分散布局。环境景观节点与景观视线、视廊等。
案例分析	第3周：2014.10.3	国内外酒店的空间结构、功能组织、运营管理。
建筑设计	第4-6周：2014.10.7-10.24	建筑的接地方式及其"形"、"量"、"质"特性等。
成果表达	第7-8周：2014.10.28-11.4	场地规划图式、建筑设计图式。
方案评价	第8周：2014.11.7	山地环境规划及酒店设计。

图2　山地酒店设计教学进程表

程序	时间（8周×8学时／周）	内容及要求
课题研究	第9周：2014.11.11	地方文化习俗。文化遗产传承、保护、宣传、展示。国内外博览建筑案例。建筑设计原理、场地设计原理、建筑防火技术规范等。
实态调研	第9周：2014.11.14	昆明市呈贡新区"万溪冲"及"昆明理工大学校园"、五华区"团结乡"及"陆军讲武堂"等。
场地规划	第10-11周：2014.11.18-11.28	场地分区。出入口设置。人车分流组织。广场与停车场设置。建筑集中与分散布局。
案例分析	第12周：2014.12.2	英国皇家植物园、维多利亚与阿尔伯特博物馆、伦敦弗洛伊德博物馆、厦门鼓浪屿钢琴博物馆与马未都家具博物馆、宁波滕头博物馆、腾冲造纸博物馆等
建筑设计	第12-14周：2014.12.5-12.16	藏品与展品。服务与被服务空间。流线、视线、光线。基础、上部结构、屋盖结构的关系等。
成果表达	第14-16周：2014.12.19-12.23	场地规划及建筑设计图式、规划设计文本说明
方案评价	第16周：2014.12.26	文化传习馆设计及其场地规划

图3　文化传习馆设计教学进程表

课任课教师以及研究生导师、研究生参与建筑设计课程教学。

"数字化"教改中，方案构思阶段，我们坚持徒手草图、工具尺规作图、工作草模等方式。成果表达阶段，我们鼓励学生使用 CAD、SU、PS 等软件。方案评价阶段，我们采用我院研发的 OR 网络评教系统进行公开评图和答辩，进一步扩大了"教"与"学"的互动作用及其影响，并获得好评。

4. 教学实践

课题 1：山地酒店设计

本课题以云南省安宁市玉龙湾旅游度假区为基地。在研究山地环境中的地形地貌、气候风向、自然景观，以及解析国内外旅游度假酒店的空间结构、功能组织、运营管理等基础上，展开场地规划及建筑设计（图4）。

通过课题 1 教学，有如下几个方面需要同学必须要掌握或明了。

环境是建筑的载体。建筑是限定、围合、遮蔽环境的实体。二者呈现出"图底转换"、"线性联系"、"场所特质"三种关系。

建筑在地形等高线、日照方位线、气流方向线、道路交通线、环境景观视线、建筑重力传递线的作用影响下，可以通过集中或分散布局，形成多种空间环境图式。

酒店是一类常见的综合体，其使用、辅助、交通三类空间呈现出并列、主从、序列三种关系，可以通过枢纽式、水平式、垂直式三种流线组织，以及砌体、框架、框剪、核心筒四种结构形式，建构低层、多层、高层建筑形态。

酒店可以通过形线、色质、虚实、光影等多种途径方式来表述形式形象。视觉质量高的酒店有可能成为"地标"。

课题 2：文化传习馆设计

本课题以云南省昆明市呈贡新区"万溪冲"及"昆明理工大学校园"、五华区"团结乡"及"陆军讲武堂"等为基地。在研究地方文化习俗，文化遗产传承、保护、宣传、展示，以及解析国内外博览建筑案例的基础上，结合基地区位、交通、周边环境配套设施等建设条件，展开场地规划与建筑设计（图5）。

通过课题 2 教学，我们向学生传授文化传习馆设计经验：

文化传习馆是博览建筑的一种类型。

不同的地理、人文、技术、经济环境中，博览建筑承担着文化展示、宣传、教育等社会职能，同时存在有不同的运营管理方式，因此在"形"、"量"、"质"方面出现共性和个性。在去类化、产业化、场景化、数字化发展变化中，未来的博览建筑将以什么样的形式出现？我们应以什么方式来表述博览建筑的认识与理解？——文化传播者与受众者、藏品与展品、物流与信息传播、场地与场所行为、服务空间与被服务空间、支撑体与填充体、形体与界面、运营管理与维护改造等问题，以及博览建筑的常设性、临时性、观赏性、参与性等使用特性，需要在项目策划、场地规划、建筑设计等技术层面得到应答。

课题 3：城市住居单元规划设计

本课题以云南省昆明市五华区、盘龙区、官渡区、西山区、呈贡新区中的居住用地为基地。在研究城市社区或住区、城市集合住宅的基础上，结合基地区位、交通、周边环境配套设施等建设条件，展开城市住居单元规划设计（图6、图7）。

通过课题 3 的教学，我们向学生传授城市住居单元规划设计经验：

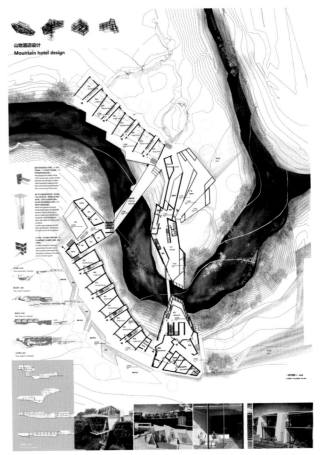

图4 山地酒店设计学生作业

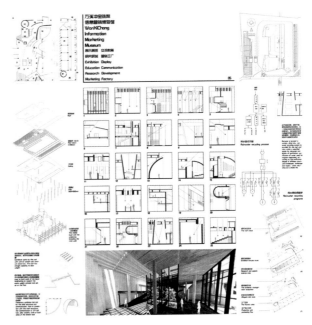

图5 文化传习馆设计学生作业

程序	时间（16周×8学时/周）	内容及要求
住宅研究1	第1周：2015.3.2	居住建筑、住宅设计原理、住宅建筑设计规范
案例分析	第1周：2015.3.6	万科的房子。建筑与产品、场地与产地、社会活动与产业
建筑设计	第2-4周：2015.3.10-3.27	居室研究、户型设计、单元组合、单体布局
成果表达1	第5-7周：2015.3.31-4.14	案例解析图式、住宅单体设计图式
方案评价1	第7周：2015.4.17	住宅的"形"、"量"、"质"
社区研究2	第8周：2015.4.21	社区特征及其建构条件、城市住宅区规划原理、场地设计原理
实态调研	第8周：2015.4.22	昆明市"学院化社区"、"产业化社区"、"数字化社区"中的人口及居住用地规模、公共服务设施及环境景观建设
场地规划	第9-12周：2015.4.28-5.22	地脉、文脉、人脉。场地与产地、建筑与产品、社会活动与产业。建筑间距、密度、容积率，以及环境绿地率等
成果表达2	第13-16周：2015.5.26-6.16	实态调研报告、场地规划图式及模型
方案评价2	第16周：2015.6.19	城市住居单元规划设计

图6 城市居住单元规划设计教学进程表

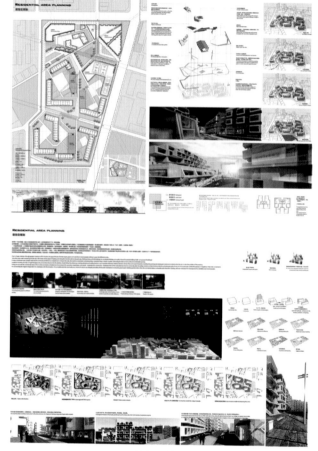

图7 城市居住单元规划设计学生作业

人们的生活观念及生活方式由人们去选择，人们的生活空间环境由规划师、建筑师来设定。城市社区规划，应考虑社区人口规模、人口老龄化发展趋势及其养老模式、邻里交往方式、社区文化建设、地方经济产业集群发展等问题，通过地脉、文脉、人脉的延续及转换来解决场地与产地、建筑与产品、社会活动与产业的关系问题，对建筑群体的间距、密度、容积率以及环境绿地率等作出技术导控。

调研昆明市的"学院化社区"、"产业化社区"、"数字化社区"，可以获得以下"良好社区"评价标准：
（1）密度和拥挤程度；
（2）安全防卫感；
（3）美观；
（4）公共服务设施；
（5）购物方便程度；
（6）通勤方便程度；
（7）建筑及环境维护；
（8）日常活动开支；
（9）社区和谐感、方便性和舒适感；
（10）管理政策；
（11）个人自由度和私密性；
（12）对周围社区的感觉；
（13）对邻居的感觉；
（14）住户个性；
（15）住户人口特性；
（16）公共场所行为；
（17）现在和以前的居住情况比较；
（18）住户愿望。

城市集合住宅设计，应考虑城市居民的家庭人口结构变化、日常生活方式、通勤规律，以及居住空间尺度与弹性使用、支撑体与填充体的关系等问题，通过居室研究、户型设计、单元组合、单体布局来提高住宅的集合化程度、提高居住用地的利用率问题。

解读"万科的房子"，"万科领跑的密码"在于追求产品至上，它体现在"建筑与环境共生"、"应周期互动"、"建筑的时代精神"、"人性化品牌"、"人文社区气质"、"环保节能"等方面。

5. 教学总结

通过三年级建筑设计课程教学，我们有以下几点经验感受可以与同仁探讨和分享：

以解决建筑学科问题为价值目标导向来选择课题，并对课题的"形"、"量"、"质"特性及其变化做出前期导控。鼓励相关学科专业教师参与建筑设计课程教学，研究"去类化"、"分形"、"非线性设计"、"层构成"、"垂直密度"、"建构"等当代建筑观及实践创作方法论，并将"建筑方案设计及表达能力培养"这一课程教学目标落实到"观念引导"、"过程把控"、"方法教育"中。

观念引导中，我们注意"概念引导"、"批判性立场建立"、"建筑师的社会角色与职能转换"等问题，以提高课题规划设计的人文价值和科技含金量。

过程把控中，我们从"实态调研"中发现、分析问题，从"理论研究"中寻找解题定理定律，从"案例解析"中寻找解题公式范式，在此基础上展开和落实"项目策划"、"场地规划"、"建筑设计"、"景观建构"工作。

方法教育中，我们区分对待课题规划设计中的"学术问题-WHAT+WHY"和"技术问题-WHAT+HOW"，以理性的方式方法来推导问题，帮助学生建立举一反三、触类旁通的工作方法，同时对学生作业的构思立意、规划设计、法规规范、模型制作、图式语言等作出量化评价。

西部既有实践模式的研究性拓展
——四年级研究性设计为例

杨健
昆明理工大学/建筑与城市规划学院

摘　要：在追赶东部先进院校的过程中，西部院校往往会"片段化"与"拼贴式"地引入先进东部地区的教育技术或教育架构，这已成为西部院校建筑教育自身特色逐步丧失的原因，本文以昆明理工大学这一典型西部院校为例，从原因分析、实例借鉴、设想提出、教案设计的角度出发，试图去探索立足于西部院校既有实践模式并结合当前研究性设计主流思路的三个具体教学路径，即社区活化、乡村复兴和本土建构。
关键词：西部，建筑教育，实践模式，研究性设计

西部本身作为一个地理名词，与东部相对应出现，但是，在当前的时代背景下，就有了一系列隐含意义。例如"地广人稀"、"经济欠发达"、"需要加强开发"、"需要快速发展"等等。这样，本为对等的两个词，西部一词就显得很迫，这种窘境，更具体来说，体现在两方面，其一，"追赶"的窘境。其二、由其导致的"复制"的窘境。

1. "追赶"中的西部建筑教育与建筑师培养

虽然和东部建筑师一样，西部建筑师同样面对迅速扩张的城市、日渐萎缩的乡村、新形态的爆炸、旧形态的不可持续等等一系列快速城市化中出现的引起建筑教育和建筑师培养的"焦虑"问题，但是，西部建筑师在此基础上还多了一重"焦虑"，即"追赶"焦虑。"追赶"是"欠发达"的自然体现。既然"欠""发达"，那么必然需要"追赶""发达"。但是，西部相对东部，还要面对更多的传统建筑，面对传统向现代演化的持续性问题，面对是否东部的现在就是西部的未来，甚而未来是否可知的问题，面对是否有可能走自身独特道路的问题，甚至如何去判断传统的价值和建立审美标准的问题。

如上种种问题，现有的理论和研究都无法提供确定性的答案，反而能够呈现的只是可能性，如罗西所说，"我认为工程师和艺术家应该为城市的发展提供一些选择，并确保这些选择能够被讨论、被理解，不论最终被生活在城市中的人们接受还是被拒绝"。这是没有明确答案的问题，即使探索者本身试图发现连续性，这些连续性往往也不会指向一个固定的方向，往往因时、因地而不断变化。

以具体建筑学教育为例，近年来西部院校常常陷入的是一种"改革"焦虑，教学大纲与课程设置往往在不停变化，每当发现了某种"东部"先进的教学理念或者教学技术，"西部"就迫不及待地想将其快速引入，新引入的东西往往还没有被教师和同学消化理解就被"更新"的东西所取代，结果就是形式上不停"变化"但却丧失了自身可贵的连续性和特色。

具体表现上，20世纪80年代，西部多数建筑院校在初创期，为快速建立体系，自然引入了"老八校"的教学体系，但是发现后者的"精英教育"思路与当地需要的"地域建筑师"有差异而陷入困惑，而20世纪90年代"执业建筑师"的出现更是引起了教学争论，到底应该更强调理论培养呢？还是实践进路？

随着20世纪90年代及21世纪的到来，开放与国际化又被引入，对于西部院校来说，如何开放与国际化呢？

上述变化的方向应该没有错，但如上，其"窘境"在于探索者在不停"因时""因地"甚而"因人"不断变化，这种变化，对于身处其中的探索者来说可能尚能够理解，对于有一定距离的追赶者来说，往往陷入只能观察到其简单的形式表现而很难理解其精神，例如对于"精英教育"与"普适教育"的区别被理解为"加减"理论课，对"执业建筑师"的培养被理解为按照"注册考试"的要求设置课程，"开放"与"国际化"被理解为各种联合设计和出国访学等等。

最后，西部的建筑教育变成了"拼贴"式的教育，所谓"清华的大纲"、"同济的计划"，自身的教育目地和人才培养目标在加速的"焦虑"中逐渐模糊，教学行为沦为简单的"复制"而忘记了因"地"制宜、忘记了自身的培养目标而因"材"施教。

2. 借鉴

那么，怎么去化解这两个窘境，恐怕尚无某个具体理论具有确实的可行性，但是，在建筑历史上的"包豪斯"现象和目前西部院校的窘境之间有某些一致性。

当前，西部院校面对的最大问题是大量新的外来建筑对于原生建筑的冲击，这种冲击使得原生建筑的进化失去了连续性，但是，大量的外来建筑却品质不高。在此情况下应当如何进行建筑教育与建筑师培养呢？

包豪斯当年面对的同样是大量粗制滥造，但是存在技术优势、爆发性增长的工业产品，而知识界的先锋如工艺美术运动、新艺术运动提倡的是手工艺，明确反对机器生产。同样，包豪斯在地域与建筑传统上同样没有优势：魏玛和德绍不过是小城，传统学院派三个世纪的教学传统和大量美轮美奂的作品已经形成了古典体系的价值标准和审美标准，而包豪斯所依托的德意志制造联盟虽然提倡产品与工业生产和技术的结合，但是本身没有多少有说服力的作品，现代建筑的价值和审美标准尚未建立，而学院派以培养精英、艺术家为主的课堂教育和图房模式又很难套用。在这样的背景下，一个以职业技术学校开始的教学体系能够有什么作为呢？

众所周知，包豪斯创造了现代设计史上的众多成就。密斯说包豪斯是一种理念，但包豪斯有的只是一些矛盾的理念，譬

如工业和手工，标准化和艺术自由等等，这些并不妨碍这个仅仅存在了14年的、每年只有十几位教师、注册学生不过百人的学校成为真正突破了古典语言，创立了现代建筑语言的学校，成为建筑历史上不可逾越也不能取代的现代突起，成为现代建筑、绘画、雕塑、工艺、室内、家具、舞台、装帧甚至工业设计史上最具影响力的学校。格罗皮乌斯自己后来在哈佛、密斯在伊利诺理工学院，以及乌尔姆学院还有"新包豪斯"都没能重现这种辉煌。

在现代建筑学院的时间已经被越来越多的用于教室和讲堂，而非工作室以及活生生的项目实践的时候，大学实际上是在强调教室中所教授的明确知识比默会知识更为重要。这样，对于包豪斯的理想，"让学校成为车间"或者是格罗皮乌斯所说的："最好的实习讲授方法就是老式的自愿拜师学徒的方式。"今天的大学很难理解。在包豪斯中，工匠和艺术家被并称为大师，工艺作坊和形式工作室并存，学生更多的时间不是在学习书本，而是在具体环境中参与实践。

在包豪斯"工作共同体"三年半的学习中，工作室下的技术实践制度和合作制度贯穿始终，这样在"师生"、"师徒"之间建立了新的设计关系，这种关系，面向未知的领域，以解决实际问题为目的。它是一个工作联合体而不是一个学术机构，是一个思想交流碰撞的实验室。

3. 既有实践模式的研究性拓展

不执着于某种所谓先进的理念，而是从自身所面对的实践开始，直面未知，直面矛盾，不盲目追赶，不盲目复制，集中各种相关主体在工作的共同体中发现问题、解决问题可能正是包豪斯体系成立的原因，这也正是对于西部建筑教育与建筑师培养的启示。

由此，这里我们提到的整体是指建筑及其外部环境在连续生长过程中的不断进化，它有自身相应的规律，存在连续性。整体性由过程产生，过程产生了渐进、连续、不可预测的生活空间。整体存在自身的层次，其层次结构是进化后稳定的结构。而开放、生动地引入具体地域中面对的实际的、有代表性的课题，结合当地情况、发现具体问题、解决具体问题，并在此过程中结合上述种种外来的理念和技术，这就是我们认识的"整体性"。

相应地，研究性设计在这里被视为探索不可预测未来的手段，它采用问题引导、实践引导，开放教学的具体技术来进行。

4. 四年级教学计划的制定

在具体的教学计划制定中，按照学院一年级"认知建筑"、二年级"基本建筑"、三年级"拓展建筑"、四年级"系统建筑"、五年级"研究性建筑"的体系，四年级的"系统建筑"将一、二、三年级的建筑"系统化"，而"研究性设计"为"五年级"的"研究性建筑"做好铺垫。

在四年级的教学计划中：我们试图以扩大的视野来进行具体的教案设计，首先，在设计选题上从三个界限清楚、但存在渗透关系的、具有一定覆盖面的题目开始。它们是：城市、乡村和技术。城市，具体为社区：是未来未知的、演化中的城市生活空间。而对应的乡村：是进化的、由传统而来的乡村生活空间。建构技术，是实现上述两者的手段。

如上，建筑的发展应被视为不可知的具有连续性的系统，而非静态地引入某种教学体系或者技术，其核心，是构建"工作共同体"，以工作过程整合理念、结合现有技术形成整体系统。而所谓的研究性设计：即提倡在适宜技术下问题引导、实践引导的开放的研究与设计。相应地，西部建筑人才培养的定位：应该是宏观视野与具体环境相结合，具有一定整体视野的面向具体实践、具有连续性的地域建筑师。

（1）社区活化

社区是城市生活的重要基础，云南多年的产、学、研活动即围绕社区展开。其中包括对于历史街区、古旧建筑的长期测绘和保护更新工作，也包括四年级城市设计中常常涉及的城市核心商业区以及城市旧城改造，如昆明的传统老街和商业核心区宝善街，以及城区中的昆明纺织厂改造等，这些地段，既有新建建筑、也有传统民居，既有保护建筑，也存在大量设计及建造质量不高的建筑物或临时建筑。地段内交通及建成环境混乱，城市空间"自然生成"，城市各实体及空间要素缺乏整合梳理。通过观察去理解这种不断变化的"社区生活"，并在此基础上找到核心问题、提出解决办法和选取相应建筑来"激活"整个"城市结构"就是该课题的要点（图1）。

在教学中主要强调依托城市层级，发现"城市结构"。"城市结构"由紧密相连的建筑空间和城市开放空间组成，发现与研究这些结构在时间纬度上的特征并将其应用在具体设计中是设计成立的关键。

这里强调的是建筑设计与城市设计的系统整体观：城市、建筑、开放空间、建筑空间是一个发展的结构和整体，我们在一些传统城镇和一些有机发展的城镇中自然能够感受到这种整体性，它是一种物质形态，也是一种精神形态，而设计的目的就是去再现与延续这种整体性。

（2）乡村复兴

云南具有丰富的聚落资源，它们是各地传统文化、民俗风情、建筑艺术的真实写照，反映了历史文化和社会发展的脉络，是先人留给我们的宝贵遗产。我校建筑学系在云南传统民居、聚落以及新民居方面的研究有比较深厚的底蕴，从1980年建系开始老一辈的教师就开始了这方面的研究，传承到现在不仅后继有人，而且研究的广度和深度都有极大的拓展，这些都为本设计课题的开展提供了良好的支撑条件。

本课题选址为云南传统村寨，如元阳哈尼村寨、大理诺邓古村等。这些村落，往往处于开发和保留的冲突中，经济结构以旅游副业为主，农业为副。村内建筑大多破旧，生活条件、环境卫生较差，但这些村落都具有良好的区位、自然和人文资源，具备良好的旅游开发条件。其独特的地理位置和民俗民风作为课题选址具有较高的价值。

本课题的要点在于结合实地调研对村落进行图底分析、传统乡土建筑尺度和聚落机理的认知非常重要。学生在此之前经过了传统建筑测绘的教学环节，在此方面具有一定的基础，但在具体设计中尚存在的薄弱之处。另外，在设计中"度"的把握十分重要，村落改造与更新的底线在哪里，什么是不能做的，新设计的建筑是否能够融进传统聚落，创新和延续的关系是什么，设计后的村落机理和原来的是什么关系，节点空间的处理是否还能具有宜人的尺度等等，这些都是教学中的难点和重点。甚至有些方面在学术界还有争论，但与具体的技术相比，更重要的是教师让学生通过具体的观察和体验去树立自身的价值观和独立分析判断的能力，因为，这是大面积西部传统建筑保护更新的核心（图2）。

这里强调的是研究性的设计：即针对整体性的特性，体现

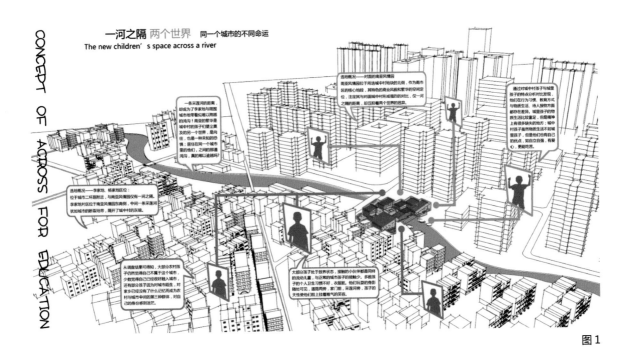

图1

图2

为开放的提出问题—分析问题—解决问题的过程。长期的生产、生活方式已经将地景、传统村落融为了一体，而现代性的引入：旅游、新的经济形态、新的建造方法等正在破坏这种统一性，解决问题的过程是需要多主体参与的过程，体现为多样的价值碰撞，学生需要在具体设计中体现确定的价值取向并探索各种可能性。

（3）本土建构

云南传统民居采用的各种具体建构方式，如大理、腾冲的合院式土木民居、傣族的干栏式木竹楼、摩梭人的井干木楞房等极富当地特色，是自然环境、气候与当地技术长期互动形成的产物。受传统建造技术限制，这些传统的建造方式一方面是当地建筑风貌的象征，但是，另一方面也存在种种具体构造问题，以傣族和部分贫困地区传统的小缅瓦、茅草屋面为例，其不耐久，抗风能力差，导致屋面频繁翻修，渗漏现象较为普遍。当地政府为旅游和地方风貌考虑希望村民能够保持这种屋面做法，但却引起村民强烈的抵制情绪。

本土建构设计以乡村建设和复兴为契机，结合村庄环境整治。在保持当地村落特色风貌的前提下，对传统建构技术进行提升改造，在完善其功能的基础上结合当地材料、建构技术和现代技术、材料，寻求二者的结合点，从而化解矛盾，取得风貌保持、经济发展和改善村民居住环境的平衡（图3）。

5. 总结

如上，三个具体题目的设定均建立在既有的、成熟的工作模式上，无论城乡、无论师生、无论现代和传统，都是连续整体的一部分，参与其中的建筑师应该具有建筑的系统观和整体观。他以设计工作的形式参加到这个连续整体中，他的进路是哲匠之路，他所采用的技术是适宜技术，他的目标是探索连续、渐进、不可预测的生活空间。他的方法是研究性的设计，他的引导是问题和实践、他坚持开放性的设计，在评价上尊重多个主体的意见，这样，我们就在"工作共同体"这个概念上回应了"包豪斯"的启示。虽然西部的建筑教育距离东部有一定差距，虽然各自的人才培养目标存在差异，虽然在当前的教育体系与评价方法上无法完全贯穿"工作共同体"的思想，但是，立足西部地缘，坚持自身实践，坚持在工作过程发现问题，以开放的态度探索未知，并在此过程中"因地制宜"、"因人而异"地去形成系统体系将会是我们努力的方向。

图3

浅谈 "团队式" 毕业设计教学

张欣雁

昆明理工大学 / 建筑与城市规划学院

摘 要：毕业设计教学是本科教学的"结语"，也是整体教学效果的验证。毕业设计的教学目的与原则，体现在相关专业的联系性及实际工程的操作性，也是促进毕业设计的教学过程与教学方法完善的助力。"联系性"体现在相关专业的配合程度，也体现在运用相关专业辅助完成设计。"操作性"可以理解为完成程度、完成方式，在教学过程中，长期处于重要地位。建筑（规划、景观）设计的合作是市场需求。如何完善教学，便是本文寻求探讨的内容。

关键词：毕业设计，教学模式，学科联合，团队

毕业设计的教学目标为：以提高实践能力、创新能力、研究能力的综合性教学为主。毕业设计教学的目标在于，更具体完整地体现技术设计与策略集成的关联与统一。"单项模式"的年级组教学模式，有碍专业联合的控制性。三专业的联合要求设计选题的"兼容"性，设计题目不仅要涵盖建筑专业的知识领域，还要考虑到给规划专业和景观专业的同学留有足够的设计空间。本文力求梳理毕业设计教学方式及过程，探讨新模式优化毕业设计。

1. 本科专业毕业设计教学模式变化

一、二年级教学目标为技术基础学习，三年级教学目标为技术培养，四、五年级教学目标为"多元"视角完成设计。五年教学形成"一主两线"的知识架构，教学以年级组组织教学。"一主"即学科专业知识体系；而"两线"是相关专业的相互联系线索。教学重视横纵向联系，不仅关注知识建构的深度，也关注知识体系的广度。"一主两线"的教学体系，符合学生能力综合发展。

毕业设计教学分以下几个阶段：

阶段一，"单核单专业"模式，作业成果重视"操作性"，设计成果要求重点在于设计深度，不能考察和发掘学生的综合能力。

阶段二，"双核双专业"模式，建筑与城市规划两专业合作和校企合作联合指导毕业设计。指导毕业设计校企联合教学基地已扩充至 8 个，校企紧密合作、双向互动的毕业设计教学长效机制正在形成。形成"专业互补的阶段"。

阶段三，"多核多专业"模式，"学科交叉，融科研于教学，理论与实践相结合"是这一阶段的教学重点。设计教学重视设计视角及方式的多样性。

2. 本科毕业设计教学过程及问题

建筑系一贯重视毕业设计教学环节质量把控，有系统完善的毕业设计、毕业实习教学大纲和《建筑学系毕业设计过程管理细则》，建立了完善的管理制度和各阶段的质量控制措施。对建筑学专业毕业设计从准备阶段的选题、任务书下达、毕业设计调研、指导过程、中期检查、毕业设计答辩、成绩评定等各环节进行质量控制。毕业设计结束后，系学术委员会汇同毕业设计工作领导小组分析总结毕业答辩工作，分析总结毕业设计工作，对每个题目的选题、难度、设计质量进行分析，对整个毕业设计成绩分布进行分析，发现不合理的地方及时提出调整。

五年以来，云南地区旅游发展及城镇建设的大背景下。设计项目选题一类多侧重"旅游规划"、"酒店设计"。另一种题目类型便是城镇中"商业街"、"综合体"设计。阶段更替、"真题真做"及专业融合的教学原则，是保证毕业设计质量与特色的重要要点。有以下几个问题在教学过程中体现出来：

（1）"真题真做"＋"校企联合"模式，虽然容易调动学生的积极性，但在过程中也常常受设计期及甲方不合理要求，牵制教学时间安排和教学成果控制。从侧面体现出教学计划与生产实践的薄弱联系，"职业性"教学适应度不够。

（2）"研究型"＋"指导性"模式，研究工作是设计前期重要环节，结合其他专业是非常有意思的教与学联系环节。设计成果评定与《建筑学系毕业设计过程管理细则》冲突较多，导致此类设计题目的实践性不足。常常会使学生积极性受损。

（3）"大"题选，"小"题不选，设计题目确定多从规模大小、项目深度关注不够。而在实践工作中小建筑或功能简单的项目是时常遇到的情况。在五年的学习过程中，设计训练便是由功能与体量简单的小建筑向功能与体量复杂的大建筑展开。设计成果的"广度"与"深度"联系性不足。

针对上述问题新模式的探索，关注"团队"教学。"团队"教学应该以团队为单元，打破选题的局限及指导导师的"唯一"模式，减弱选题的局限。

3. 本科生毕业设计教学模式探索

毕业设计教学模式，根据毕业设计教学的综合性和复杂性，从以下 4 个层面表达：

（1）方法探索性

方法探索性是基于国家现行的设计规范、标准和以人为本的原则之上的。建筑设计思想的发展也非一成不变。现代建筑的源泉来自于 1900 年代的现代建筑运动，现今几乎所有的流派都源自格罗皮乌斯、勒·柯布西耶、密斯·凡得罗和 F.L. 赖特四位现代建筑大师。此后无论是继承他们衣体的继续发展还是与其决然对立的反动，所有的建筑痕迹都保持着现代建筑运动留下的痕迹。

而学科的发展与社会的变迁紧密联系，建筑不再是独立的体系。城市规划、人类学、社会学、景观学、生态学等学科的"词汇"都会在建筑设计中被借用。

在教学过程中，选题及指导的方法方向上，设计不只是一种实践，也是一种思考。研究性毕业设计与工程性毕业设计并行。

前者注重设计的思考，后者突出设计的实践性。

（2）实践深度性

研究性毕业设计与工程性毕业设计的深度体现在设计定量要求。设计的规模弹性控制，深度细节严格要求。工程性毕业设计按照国家现行设计规范和标准要求，大致分成：方案设计，初步设计，施工图设计三个层面。而研究性毕业设计侧重点按照课题的研究内容与其他学科的融合，侧重策略与思考的完整性。

（3）课题复杂性

毕业设计的选题必须具有一定的复杂性。复杂性与题目相关，体现在工作深度与方法中。同时，复杂性也体现在学科交叉后评价体系的复合性，课题的关注点不仅仅局限在项目的自身，同时复杂性也体现在学科交叉后评价体系的复合性，课题的关注点不仅仅局限在项目的自身，同时需要关注经济、文化、社会等层面的客观影响因素。

（4）学科前沿性

设计的发展不断变化，如电脑软件的介入，建筑摆脱了"形式主义的罗列"，出现了形式自由的建筑形式。前沿性不仅仅是关注，设计"工具"的更新，也是注意学科发展研究视野的范围，力图教学活动与行业发展有机的联系。

四个层面仅通过"单项模式"展开教学，在一定程度上会导致设计过程信息量不足，设计缺少新思路，多停留于工程设计图纸制作；或因"唯一导师制"，设计偏重不合理，导致过程中设计核心不突出。

"团队"式教学可以有机的将三个专业联合，优化导师指导，选题也由团队选定，设计题目更加具备指向性和理论性，确保毕业设计的深度与难度。各"团队"配置各团队工作场地，团队学员不仅仅为毕业生，也是各个年级段的"工作坊"。毕业设计的优化不仅横向扩大，也从纵向深入。

4. 小结

以"团队"式的联合毕业设计，是"教学模式"的探讨。"设计思想"和"教学模式"两者是联合设计的核心内容，"设计思想"是一个自身变化比较活跃的要素，在"团队"模式中"以研制学"有机促进教学。

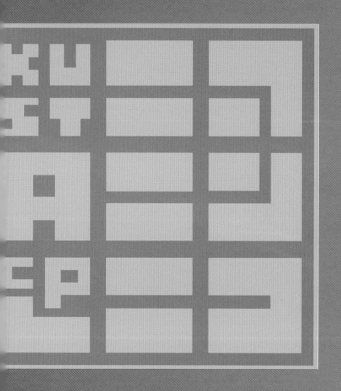

一 年 级 设 计
First Year Program Design

黎 南 白 旭 高 蕾 刘 健 刘 启
陆 莹 唐犁洲 田潇然 吴 惠 吴志宏
张志军

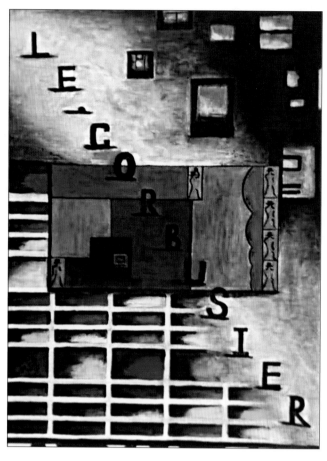

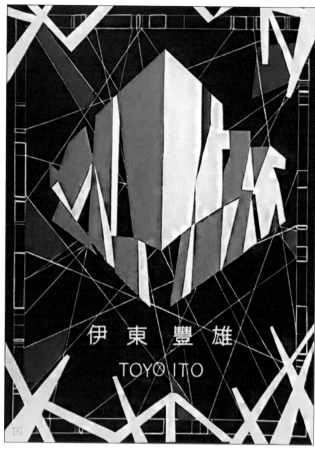

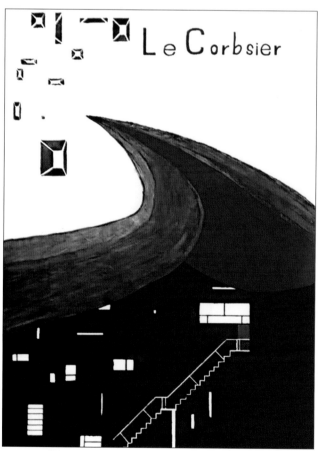

建筑与城市规划学院

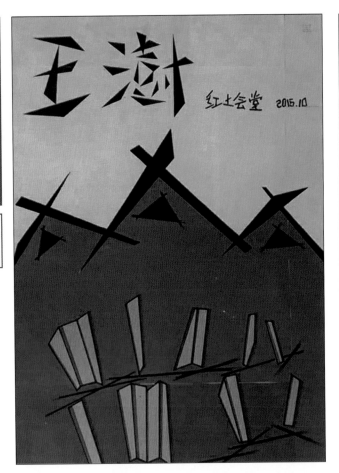

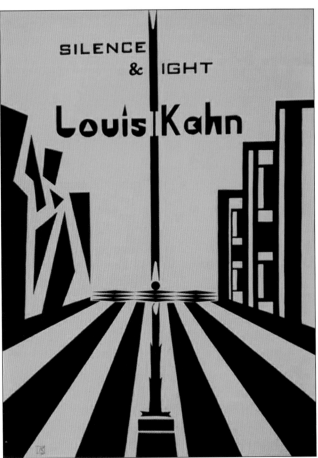

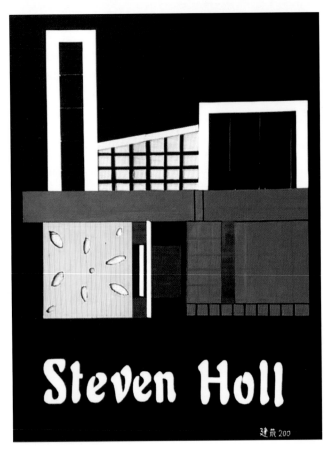

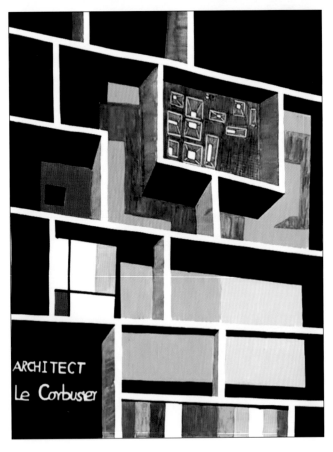

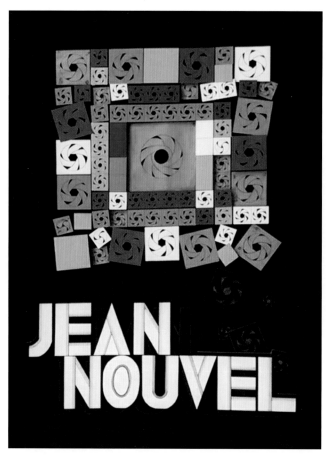

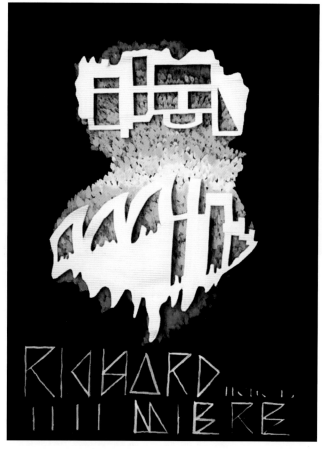

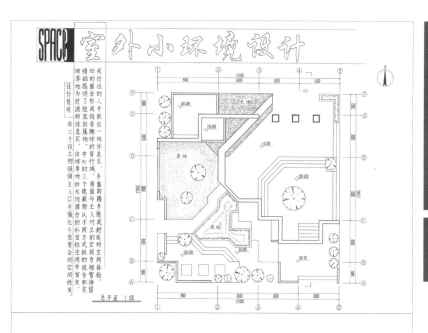

SPACE 室外小环境设计

设计说明

由三个设立物强调主入口并强化小型聚会的空间性质。由坡草地和水池围合的私密性空间为聚友、城草地为过渡的休息区。中心的三个建藏物以不同方式板的组合和花情栩提供了这宽的属地。前面与主入口对立的空间为短暂停留的空间体验。丰富的踏步延成舒延的空间体验。或过往的人开放出一块休息区。

总平面 1:100

室外小环境设计

北立面 1:100

南立面 1:100

1-1剖面 1:100

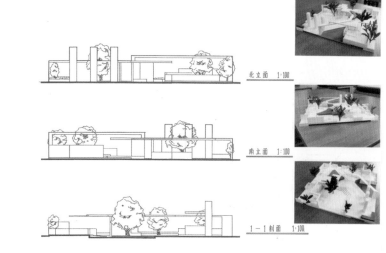

室外小环境设计

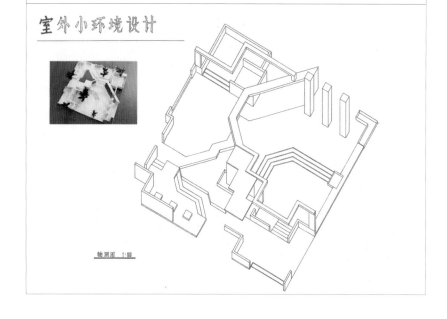

轴测图 1:100

海报设计

室外小环境设计

印实博

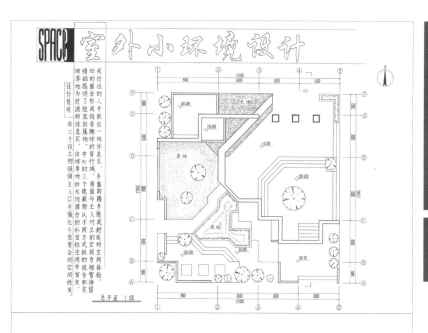

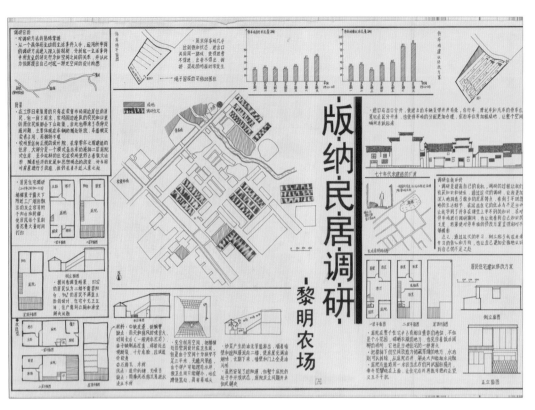

版纳民居调研 - 黎明农场

黎明前

行为·空间·调研

版纳民居调研

蒋南

艺术家工作室

任道怡

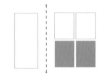

Magic box

钟益

一层平面图

二层平面图

三层平面图

剖面图一

剖面图二

立面图一

立面图二

姓名：任道怡　专业：建筑121
学生：201111806141
指导老师：黎南 刘建

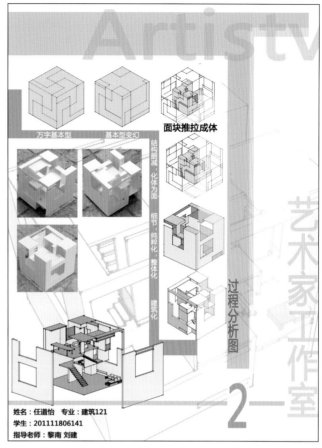

万字基本型　　基本型变幻　　面块推拉成体

结构增减·化体为面

细节·纯粹化·整体化

建筑化

过程分析图

2

姓名：任道怡　专业：建筑121
学生：201111806141
指导老师：黎南 刘建

Magic Box 空间构成——
建筑空间小展馆设计

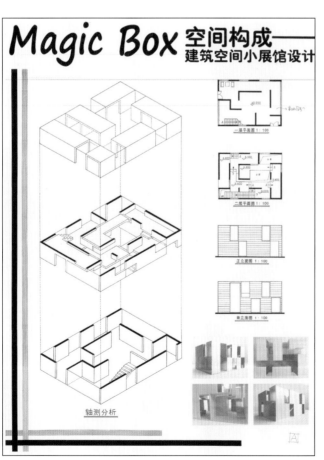

一层平面图 1：100

二层平面图 1：100

正立面图 1：100

背立面图 1：100

轴测分析

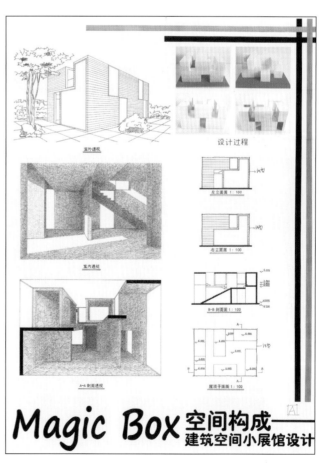

室外透视

设计过程

左立面图 1：100

右立面图 1：100

室内透视

B-B 剖面图 1：100

A-A 剖面透视

屋顶平面图 1：100

Magic Box 空间构成——
建筑空间小展馆设计

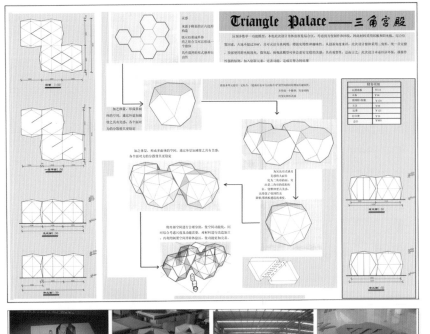

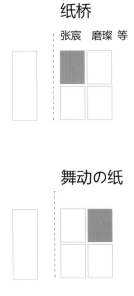

纸桥

张宸　磨璨　等

舞动の纸

七巧藏宝

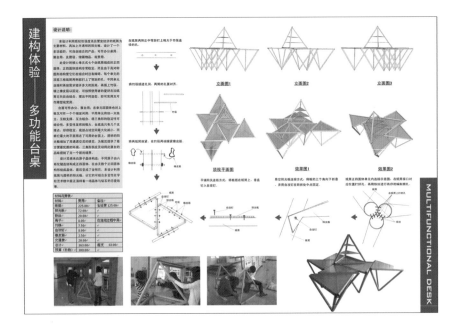

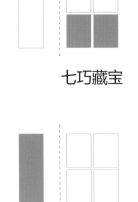

三角宫殿

MULTIFUNCTIONAL DESK

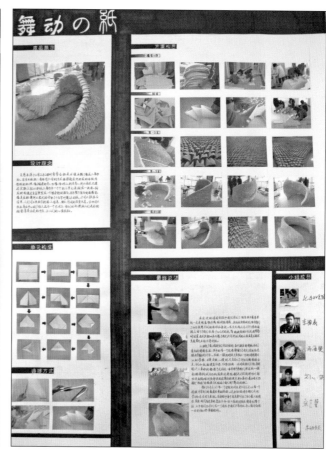

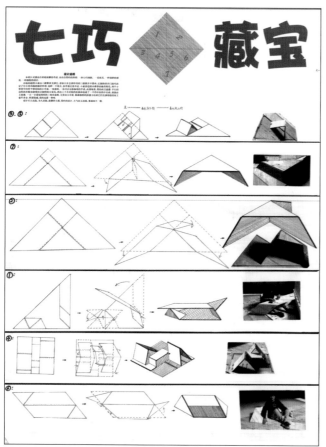

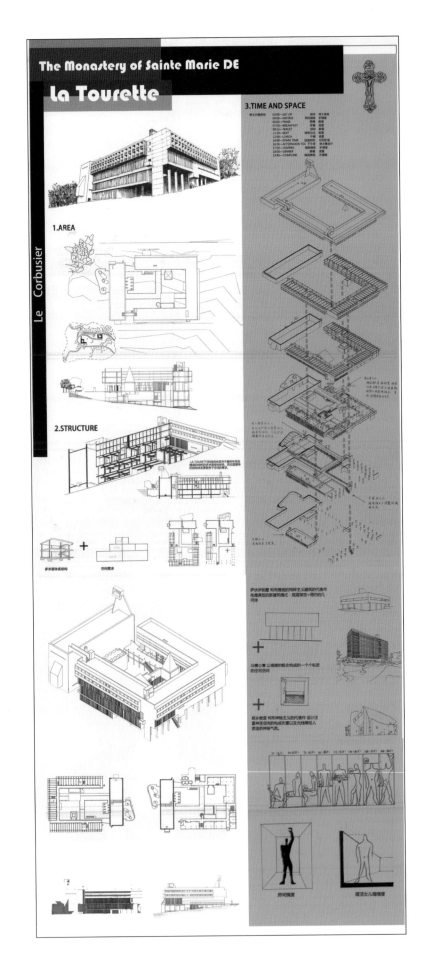

The Monastery of Sainte Marie DE
La Tourette

Le Corbusier

1.AREA

2.STRUCTURE

3.TIME AND SPACE

房间高度

屋顶女儿墙高度

先例分析

郭骏超

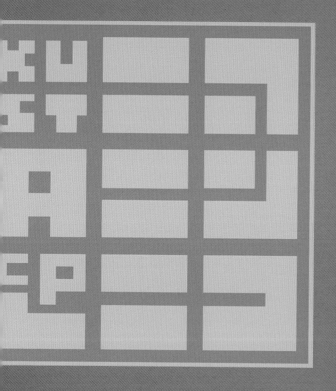

二 年 级 设 计
Second Year Program Design

肖 晶　何俊萍　李晶源　李 武　廖 静
刘肇宁　陆 莹　马 杰　马青宇　饶 娆
谭良斌　王 冬　王 连　徐婷婷　杨 健
叶涧枫　张 婕　张欣雁　张志军　韦庚男

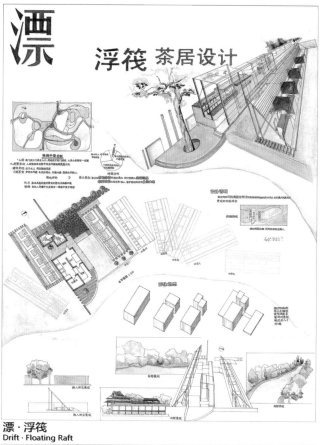

漂 浮筏 茶居设计

漂·浮筏
Drift·Floating Raft

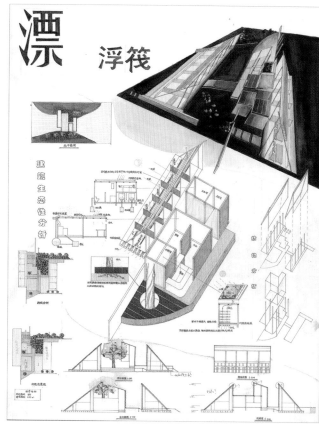

漂 浮筏

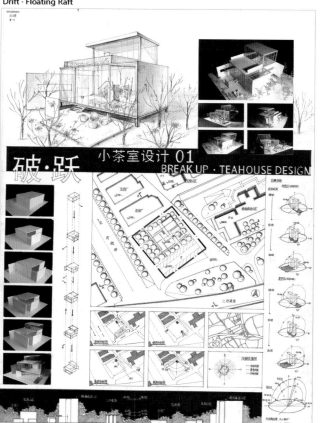

破·跃
小茶室设计01
BREAK UP·TEAHOUSE DESIGN

破·跃
Break up·Teahouse Design 刘小雪

小茶室设计03
BREAK UP·TEAHOUSE DESIGN
破·跃

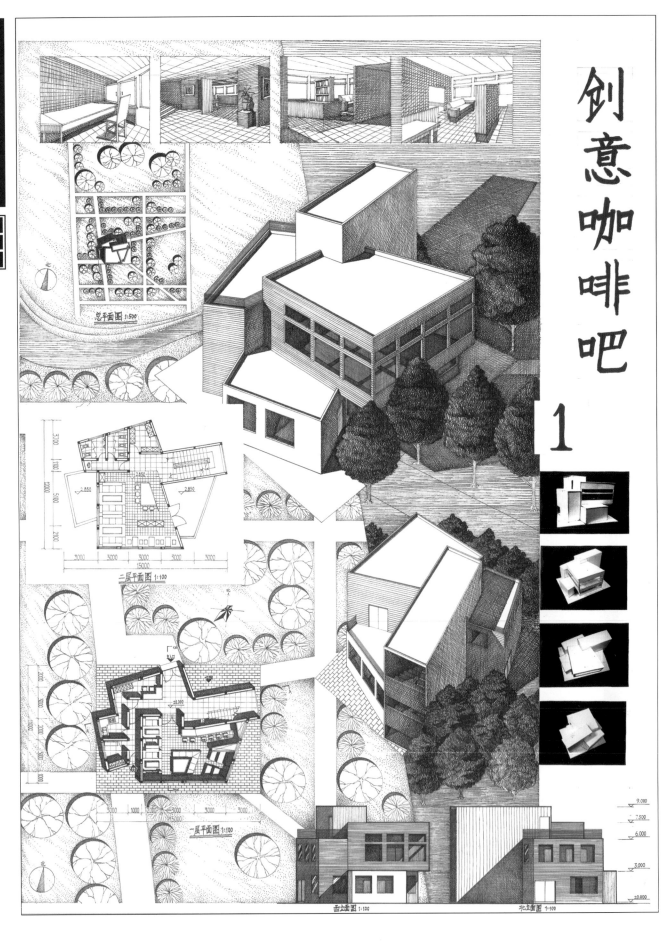

创意咖啡吧

1

建筑与城市规划学院

总平面图 1:500

二层平面图 1:100

一层平面图 1:100

西立面图 1:100

北立面图 1:100

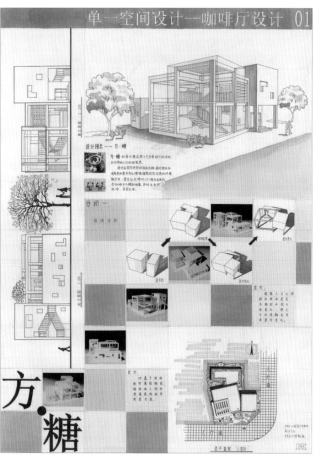

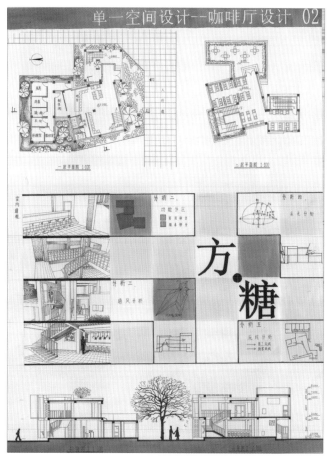

建筑学·学生作品

ARCHITECTURE

SECOND

二年级

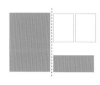

创意咖啡吧
Creative Coffee Bar

方·糖
Square·Sugar

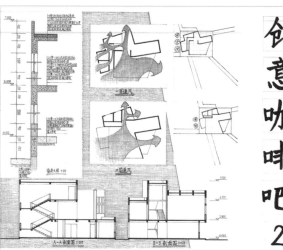

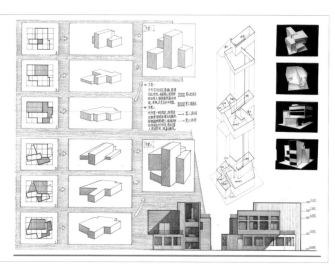

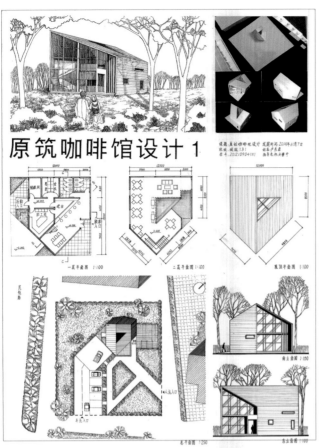

原筑咖啡馆设计 1

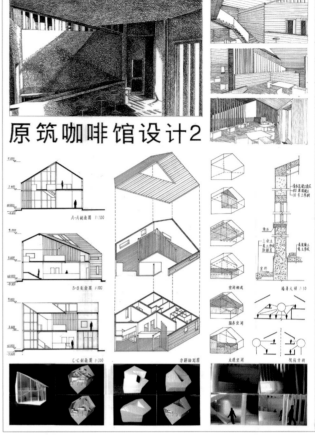

原筑咖啡馆设计2

书吧

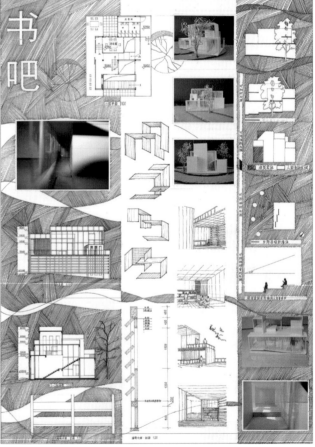

书吧

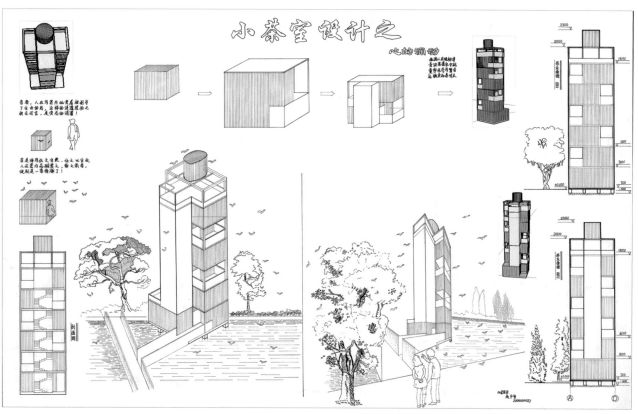

小茶室设计之

心的涌动

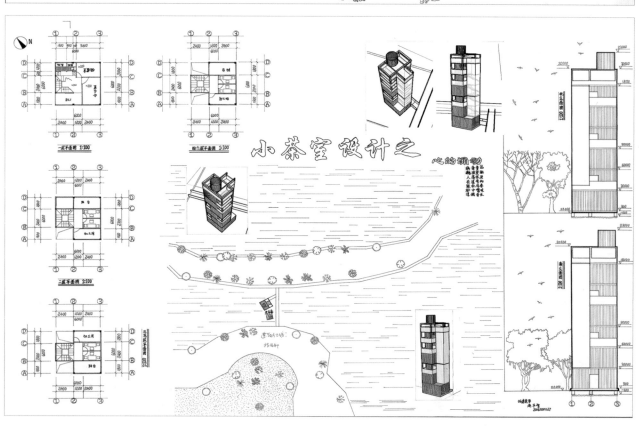

小茶室设计之

心的涌动

原筑咖啡馆设计
Grove Cafe Desing

卢彦君

书吧
Book Bar

卢山

心的涌动
Surging Heart

赵平智

休闲小筑设计

二年级学生作品

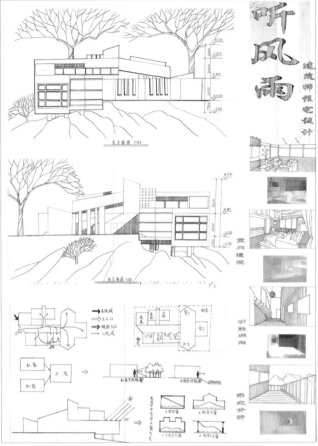

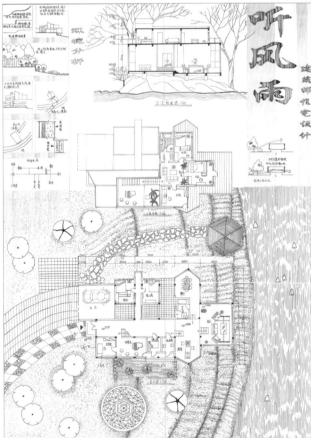

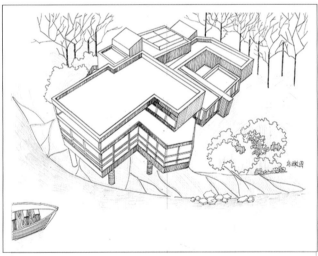

巴の梦居
Pakistan の Dream Habitat

听风雨
Listen to The Wind and Rain
黄浦蓉

十字街
Cross Language

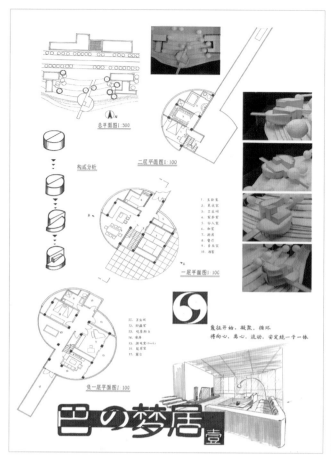

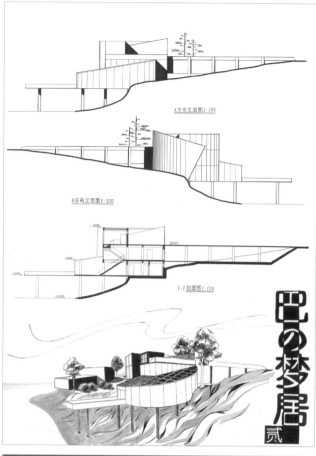

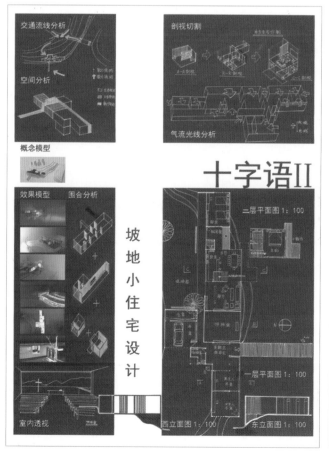

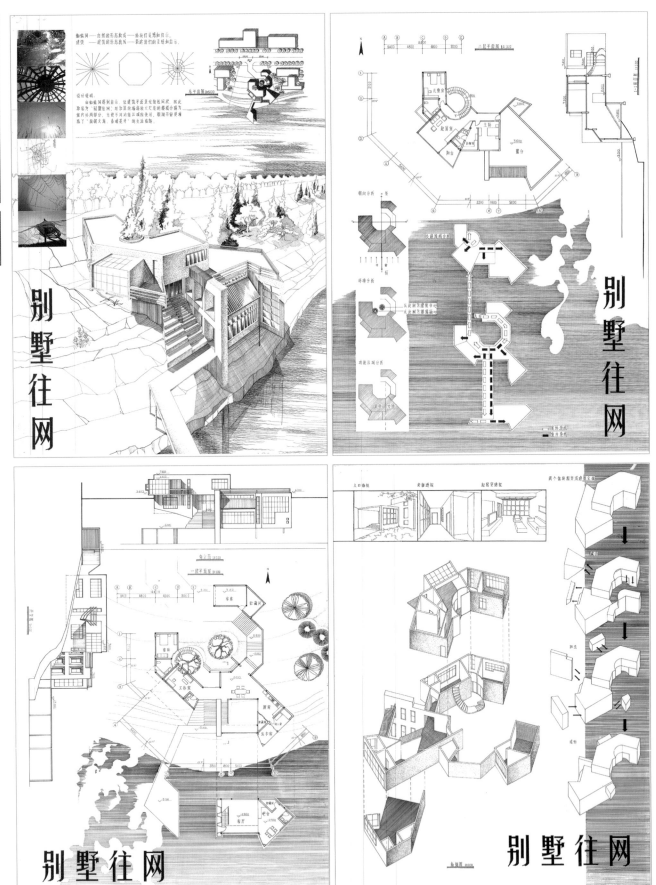

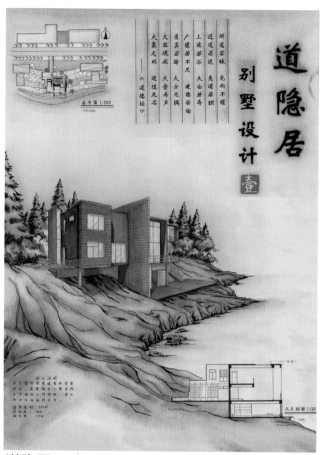

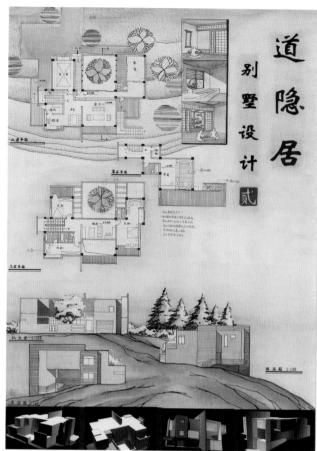

道隐居·别墅设计　House Design

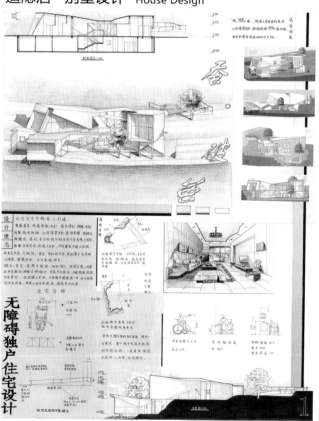

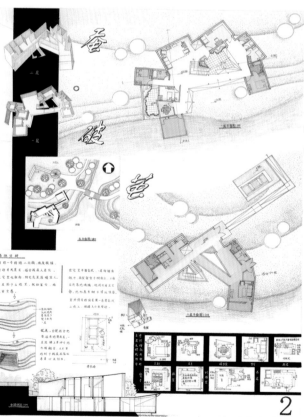

无障碍独户住宅设计　Accessibility House Design

建筑与城市规划学院

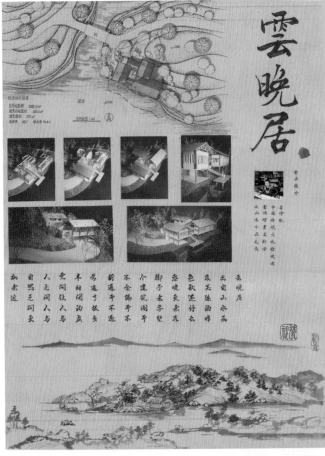

雲晚居

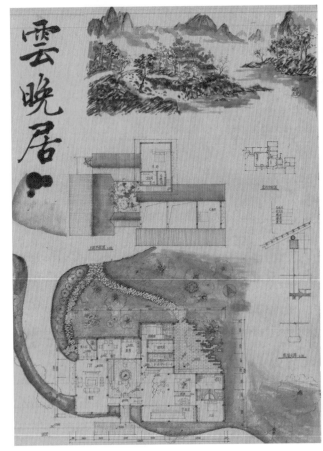

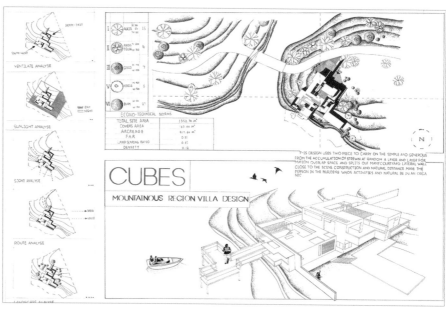

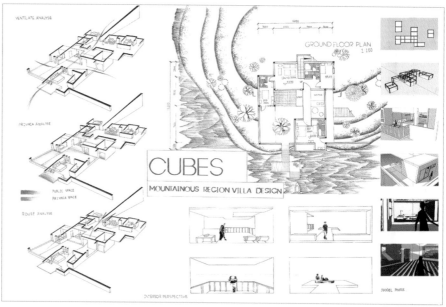

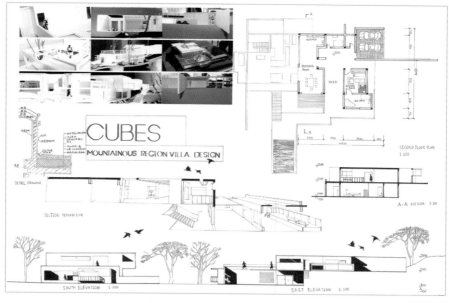

云晚居
Cloud Night Habbit
刘小雪

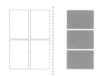

CUBES
王泽

小住宅设计
二年级学生作品

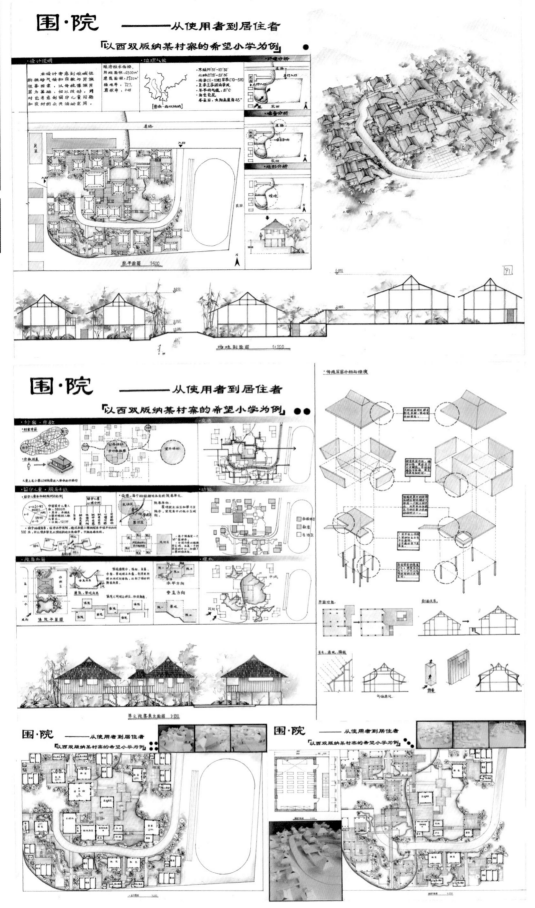

围·院 —— 从使用者到居住者

「以西双版纳某村寨的希望小学为例」

围·院
李彦良

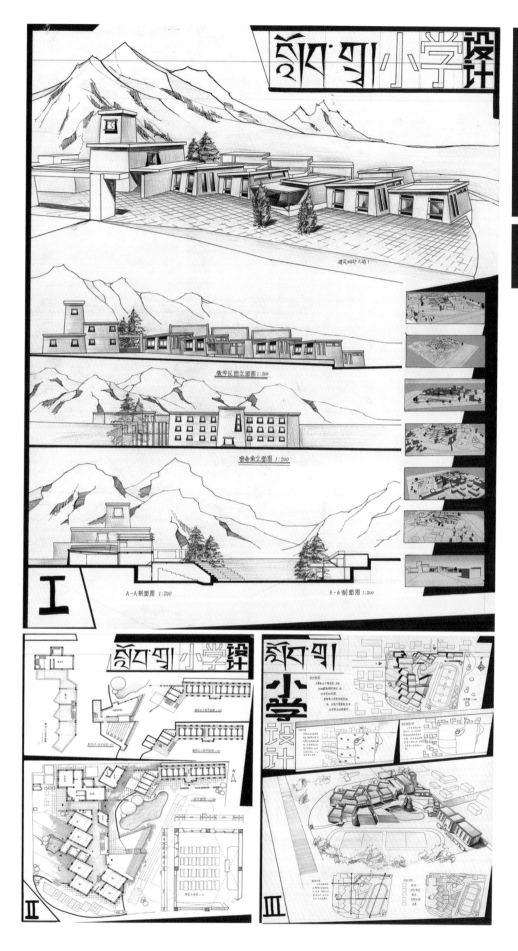

小学设计
Primary school design

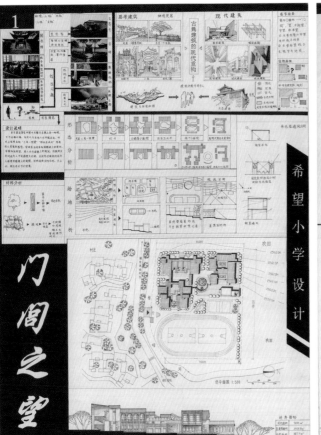

门间之望

希望小学设计

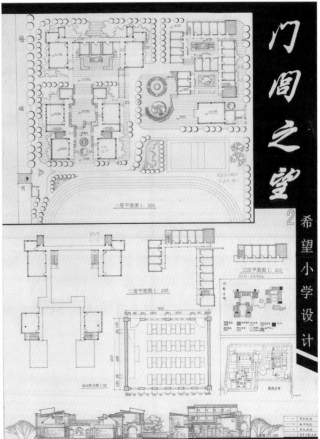

门间之望

希望小学设计

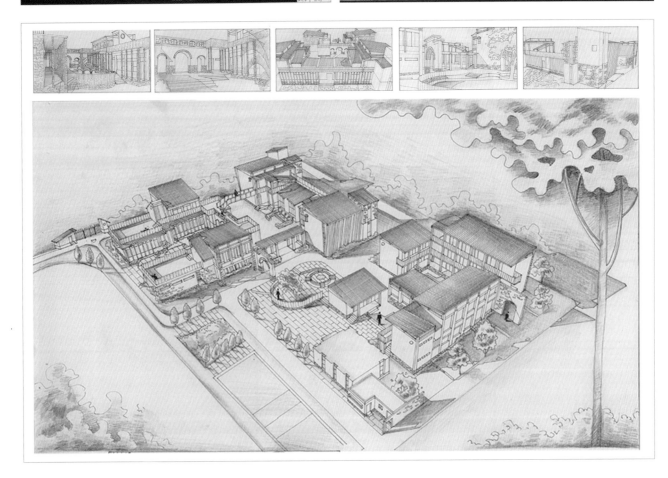

城中·新村

一层平面图 1:200　　二层平面图 1:200

A-A 剖面图 1:200　　B-B 剖面图 1:200

门闾之望
Wang Lu's Door

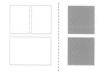

城中新村

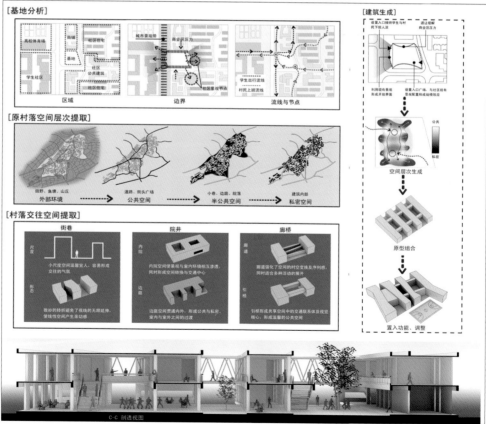

[基地分析]

高校体育场　商铺　社区住宅

基地

学生社区　公共建筑　社区住宅

区域

城市景观节点　商业区压力

社区景观节点

边界

学生出行流线

村民上班流线

流线与节点

[原村落空间层次提取]

外部环境　　公共空间　　半公共空间　　私密空间

田野、鱼塘、山丘　道路、街头广场　小巷、边庭、院落　建筑内部

[村落交往空间提取]

街巷　　院井　　廊桥

[建筑生成]

空间层次生成

原型组合

置入功能、调整

C-C 剖透视图

建筑与城市规划学院

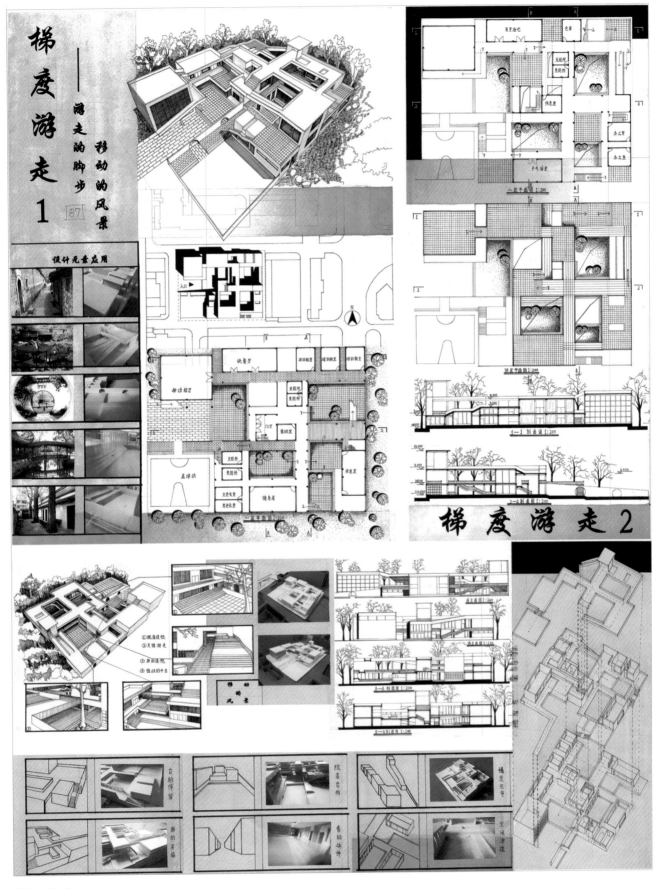

梯度游走

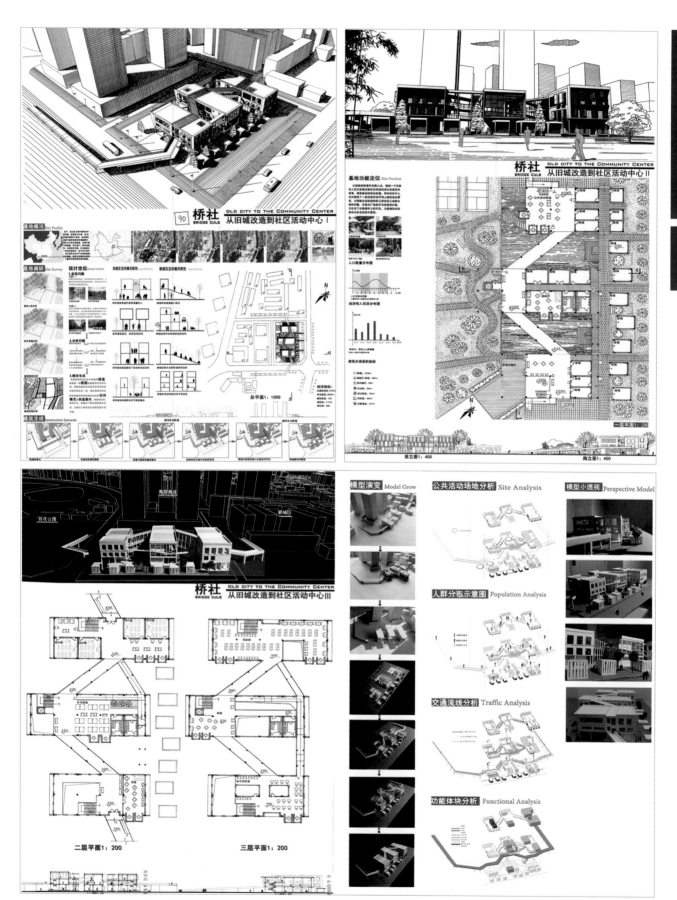

桥社 Bridge Club   应元波

建筑与城市规划学院

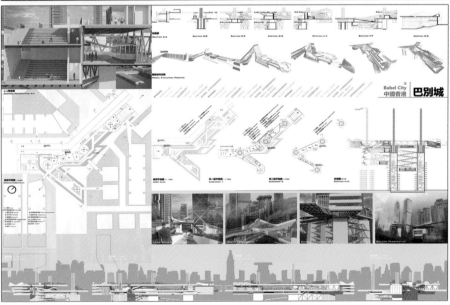

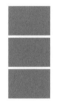

巴别城
Babel City
褚剑飞

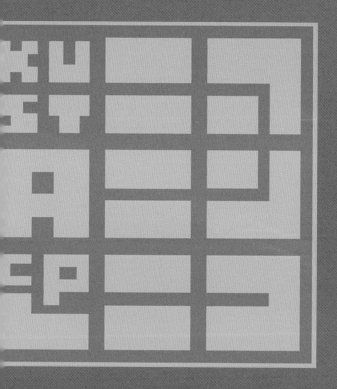

三 年 级 设 计

Third Year Program Design

叶涧枫　白　旭　杨　毅　何俊萍　施　红
马青宇　马　杰　徐　皓　王　灿　吕　彪
王　贺　吴　蕙

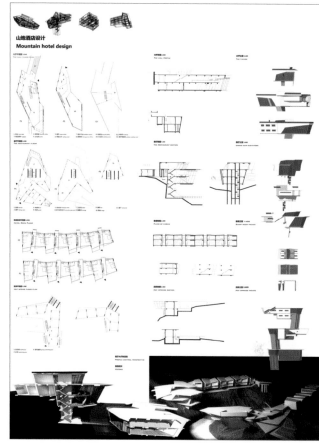

体量形成过程
体量由最简单的四边形通过拉升切割等方法行变而成，
似河边的石头，千姿百态、与环境融合又不失个性。
Mass formation
Dimension from the simplest quadrilateral by
pulling cutting method such as development and
become, like the stones of the river, the diversity.
Fusion and personality with the environment.

山地酒店设计
Muntain Holet Design 褚剑飞

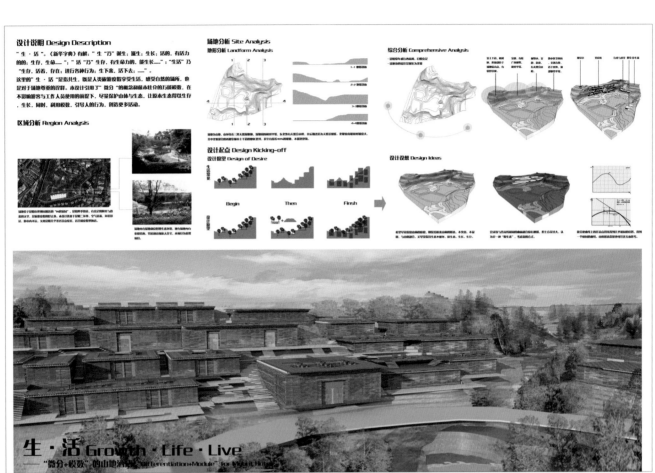

设计说明 Design Description

"生·活"。《新华字典》有解："生"乃"诞生；滋生；生长；活的；有活力的的；生存，生命……"；"活"乃"生存，有生命力的，能生长……"；"生活"为"生存，活着，存在，进行各种行为：生下来，活下去，……"。

这里的"生·活"是指共生，既是人类能够接假享受生活，感受自然的场所，也是对于场地尊重的控制。本设计引用了"微分"的概念和赫本壮介的方法模数，在不影响游客与工作人员使用的前提下，尽量保护山体与生态，让原本生态得以生存、生长。同时，利用模数，引导人的行为，则造更多活动。

区域分析 Region Analysis

场地分析 Site Analysis
地形分析 Landform Analysis

综合分析 Comprehensive Analysis

设计起点 Design Kicking-off
设计欲望 Design of Desire

Begin   Then   Finsh

设计设想 Design Ideas

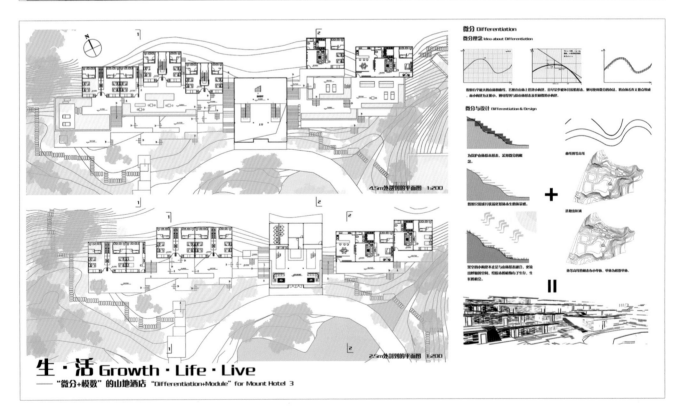

微分 Differentiation
微分理念 Idea about Differentiation

微分与设计 Differentiation & Design

4.5m处剖到的平面图 1:200

2.5m处剖到的平面图 1:200

生·活 Growth·Life·Live
——"微分+模数"的山地酒店 "Differentiation+Module" for Mount Hotel 3

生·活 Growth·Life·Live   李佳颖

建筑与城市规划学院

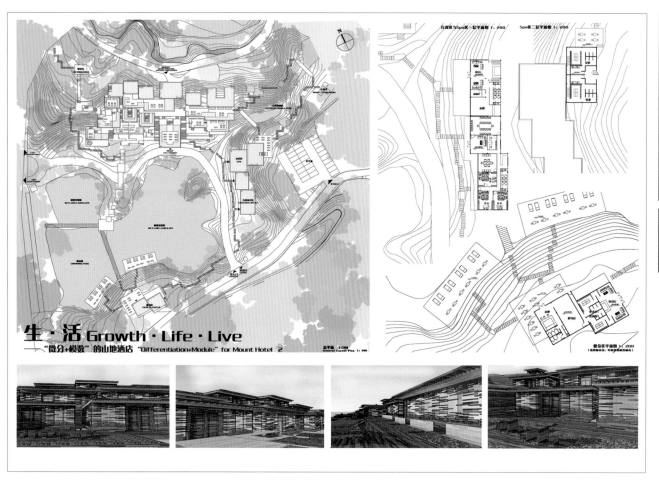

生·活 Growth·Life·Live
——"微分+模数"的山地酒店 "Differentiation+Module" for Mount Hotel 2

生·活 Growth·Life·Live 李佳颖

1 山地度假酒店 Mountain Resort

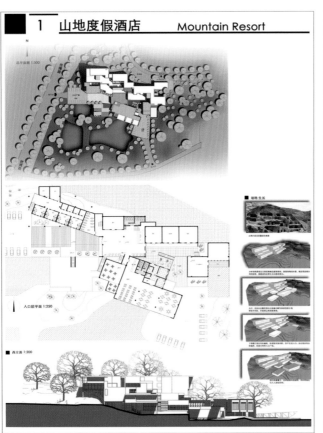

2 山地度假酒店 Mountain Resort

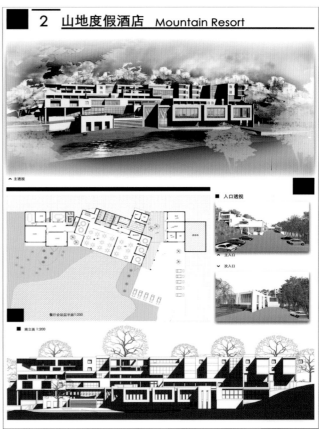

3 山地度假酒店 Mountain Resort

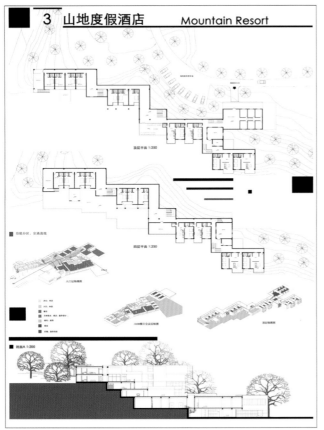

4 山地度假酒店 Mountain Resort

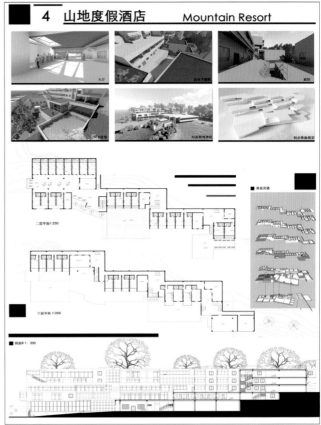

山地度假酒店　　　　郭　雷

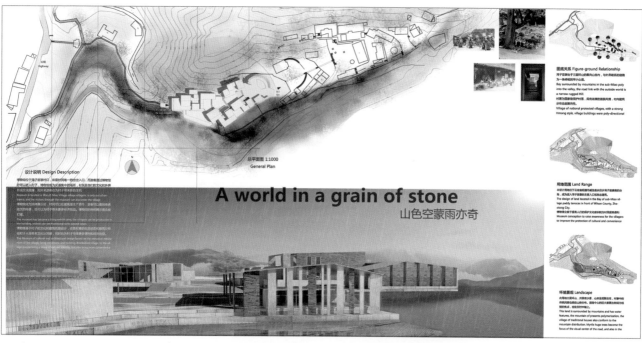

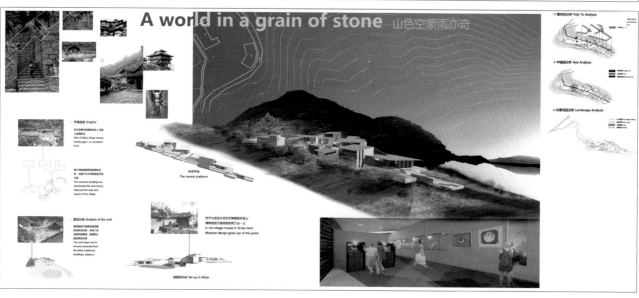

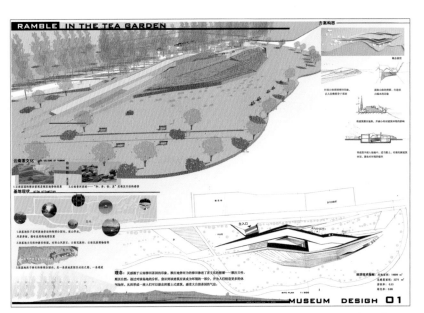

MUSEUM DESIGN 01

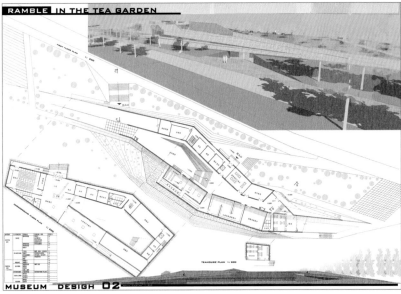

MUSEUM DESIGN 02

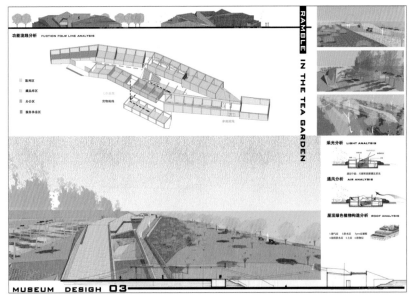

MUSEUM DESIGN 03

山色空濛雨亦奇
A World of Grain of Stone
耿丽媛

Ramble in The Tea Graden

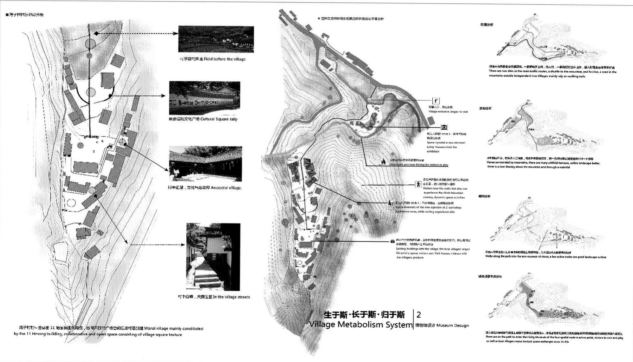

生于斯·长于斯·归于斯 2
Village Metabolism System 博物馆设计 Museum Desugn

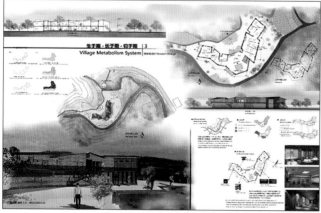

生于斯·长于斯·归于斯 3
Village Metabolism System

生于斯·长于斯·归于斯 4
Village Metabolism System

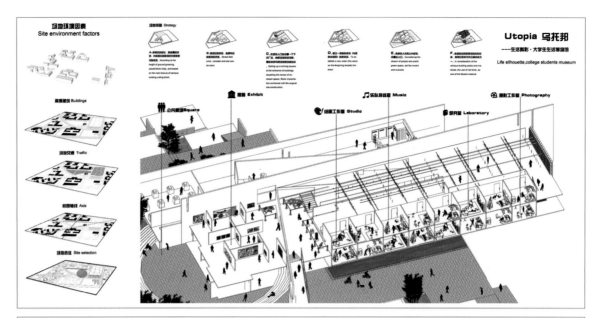

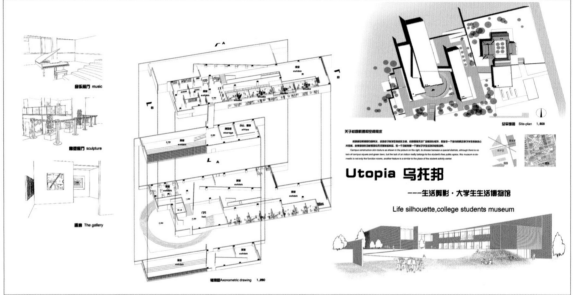

生于斯·长于斯·归于思
Village Metabolism System
钱奕君

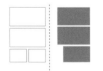

Utopia 乌托邦
李彦良

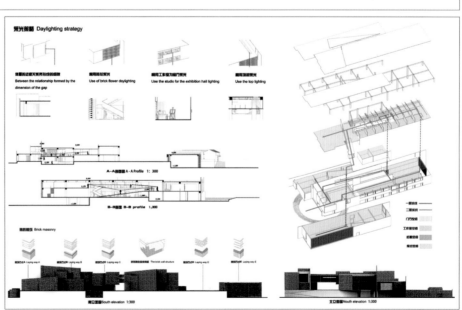

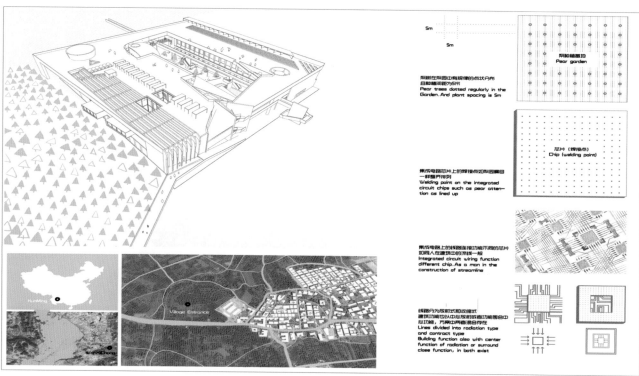

5m
5m

梨树种植基地
Pear garden

梨树在梨园中有规律的点状分布
且种植间距为5米
Pear trees dotted regularly in the
Garden. And plant spacing is 5m

芯片（焊接点）
Chip (welding point)

集成电路芯片上的焊接点如梨园那回
一样整齐排列
Welding point on the integrated
circuit chips such as pear atten-
tion as lined up

集成电路上的线路连接功能不同的芯片
如同人在建筑中的流线一般
Integrated circuit wiring function
different chip. As a man in the
construction of streamline

线路分为为发射式和收缩式
建筑功能以入口为中心发射或者功能围合在
心功能，万来的两者混合存在
Lines divided into radiation type
and contract type
Building function also with center
function of radiation or surround
close function, in both exist

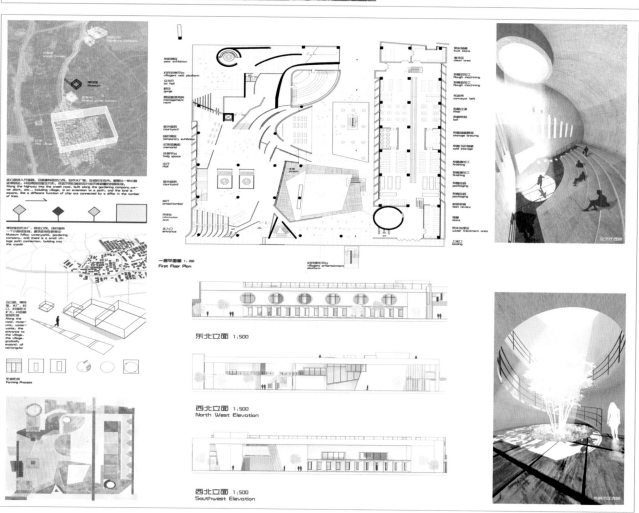

万溪冲宝珠梨信息营销博物馆　　Wanxichong Information Market Museum　　褚剑飞

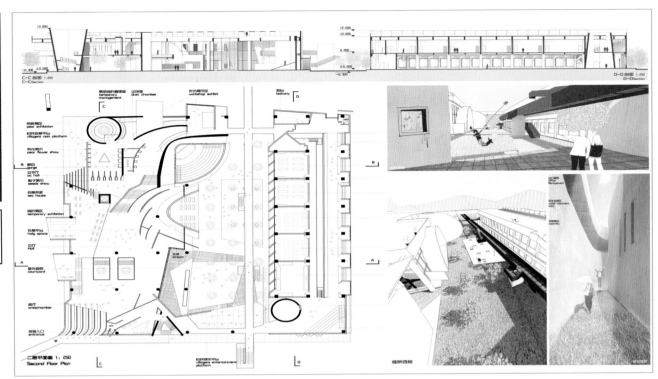

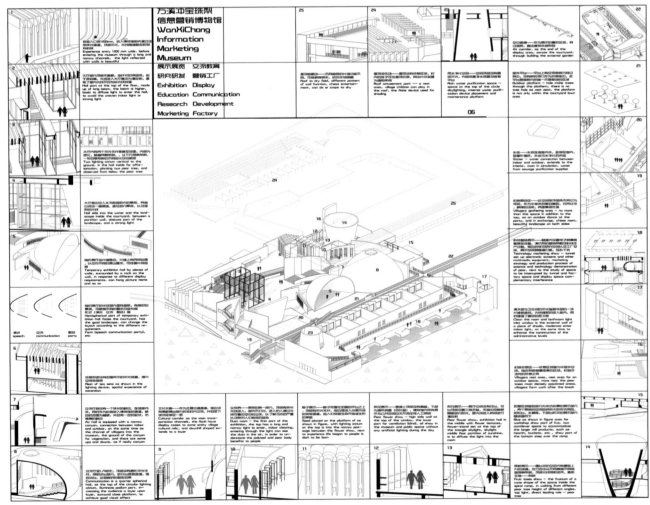

万溪冲宝珠梨信息营销博物馆　Wanxichong Information Market Museum　褚剑飞

凤鸣寺博物馆

1. 上图为大部分博物馆的观流方式，大面积公共的展厅，更加适合会展和交流。

Left for most of the museum tour, widespread public ex hibition hall, more suitable for exhibition and communication.

2. 而木匠博物馆别是针对大众对于木匠知识的缺乏所营造的有学习教育意义的空间，因此采取多重感受的长线线，让人们在空间中游走时充满了趣味，哈人印象深刻。加深了学习感悟。

A carpenter's museum is dimed as mass for the lack of a carpen ter knowledge are created by learning the meaning of educart on space, so fake a multi-sensory long streamline, let people walking in the space is filled with fun, impressive,heightens the learning experience.

SITE PLAN ANALYSIS

总平面 1:1000

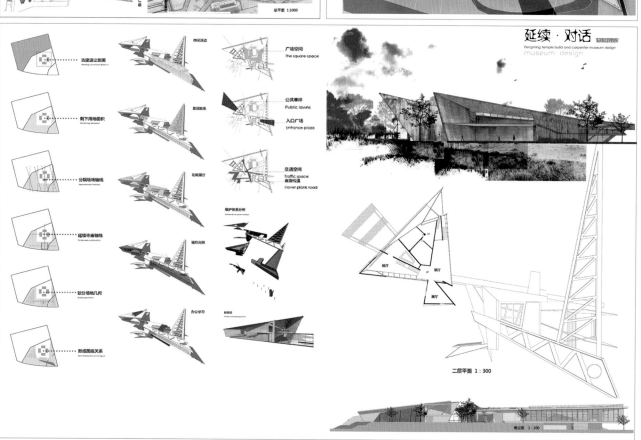

古建退让距离
Making concession distance

剩下用地面积
Remaining landarea

分隔场地轴线
Segmentation horizon

延续寺庙轴线
Temple spm continuation

划分场地几何
Screen geometry

形成图底关系
Form the bottom of the figure

广场空间
The square space

公共草坪
Public lawns

入口广场
Entrance plaza

交通空间
Traffic space
悬架栈道
Hover plank road

维护体系分析
maintenance system analysis

二层平面 1:300

南立面 1:200

延续 · 对话　Fengming Temple Build and Carpenter Museum　　姚启帆

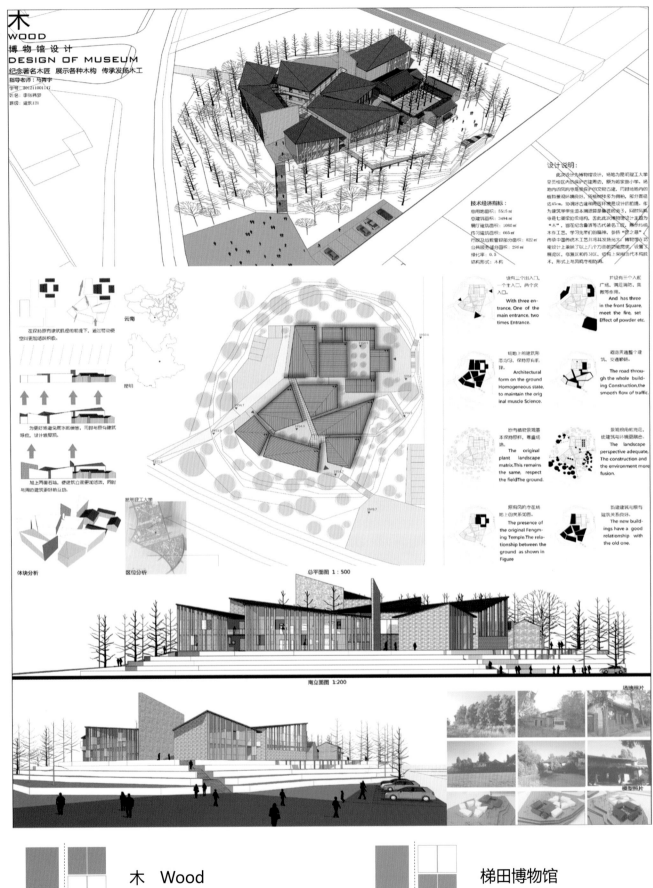

木
WOOD
博物馆设计
DESIGN OF MUSEUM

纪念著名木匠 展示各种木构 传承发扬木工
指导老师：马青子
学号：20121100147
姓名：李张祎梦
班级：建筑121

建筑与城市规划学院

设计说明:

此次设计博物馆设计，场地为昆明理工大学呈贡校区内防护绿地范围内，照为凤鸣小学，场地内凤鸣的寺庙等废址保存改建古建，同时场地内的植物长势欢好。以植物最多为绿林。划分高差约3.45m。10调讨古建相适还环境设计的思路。作为建筑大学专业本测试思考传承适合发扬，以研究木匠手是七梁架拟柔结构，互此此次博物馆设计主题为"木"。旨在纪念鲁班等古代著名工匠，传承传统木作工艺。学习先辈匠魂精神，参格"使之意"传承中国传统木工艺开场且发扬光大。博物馆设计，方便设计上集锦了以上几个方面的功能需求，设置安展区、修展区和作习区，处构上采取现代木构技术，形式上地区尚守相似风格。

技术经济指标:
总用地面积: 5515 m²
总建筑面积: 3494 m²
展厅建筑面积: 1050 m²
传习建筑面积: 665 m²
行政与远野管理部分面积: 822 m²
公共服务部分面积: 296 m²
绿化率: 0.3
结构形式: 木构

云南

昆明

设有二个出入口，一个主入口，两个疏入口。

With three entrance, One of the main entrance, two times Entrance.

在保持原有建筑机理的前提下，通过错动使空间更加活跃积极。

场地上的建筑形态均匀，保持原有机理。

Architectural form on the ground Homogeneous state, to maintain the original muscle Science.

并设有三个入配广场，满足消防、集散等作用。

And has three in the front Square, meet the fire, set Effect of powder etc.

为呼应场地建设处高差的坡度，同群与原有建筑呼应，设计坡屋顶。

道路贯通整个建筑，交通顺畅。

The road through the whole building Construction, the smooth flow of traffic.

原有植被景观基本保持原状，尊重场地。

The original plant landscape matrix.This remains the same, respect the fieldThe Ground.

装装视角恰恰充足，使建筑环境更融合。

The landscape perspective adequate, The construction and the environment more fusion.

加上两素石墙，使建筑立面更加活跃，同时与周边的建筑更好地过渡。

原有凤鸣的寺在场地上似关系布局。

The presence of the original Fengming Temple.The relationship between the ground as shown in Figure

新建筑与原构建筑关系良好。

The new buildings have a good relationship with the old one.

体块分析

区位分析

昆明理工大学

总平面图 1：500

南立面图 1:200

场地照片

模型照片

木 Wood
木匠、木构、木工 李张祎梦

梯田博物馆

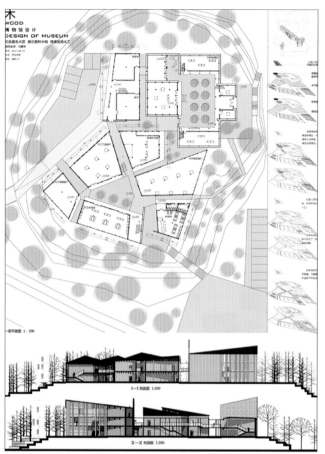

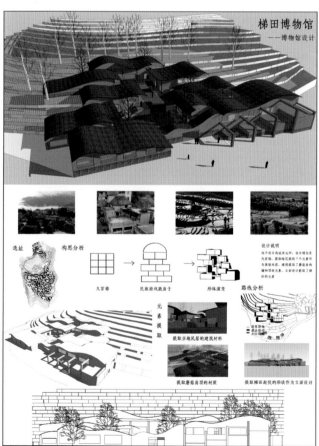

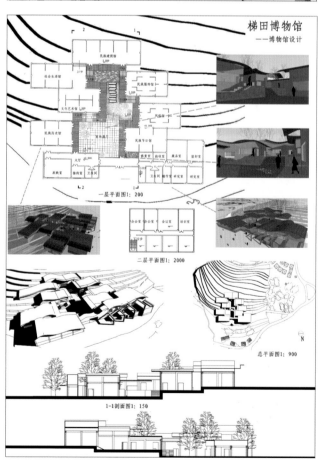

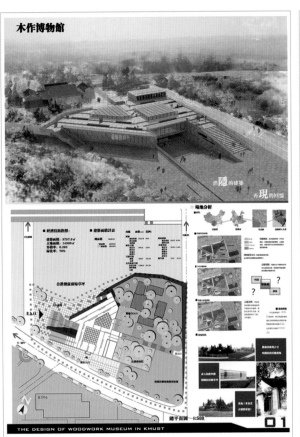

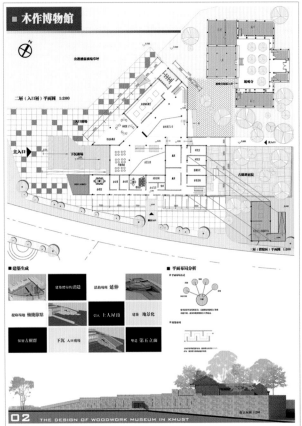

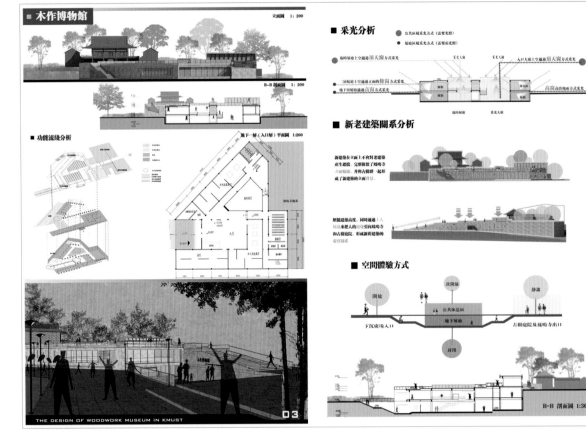

木作博物馆　　　杨　策

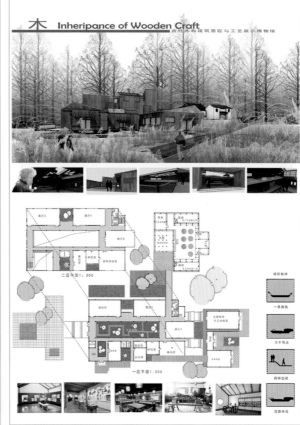

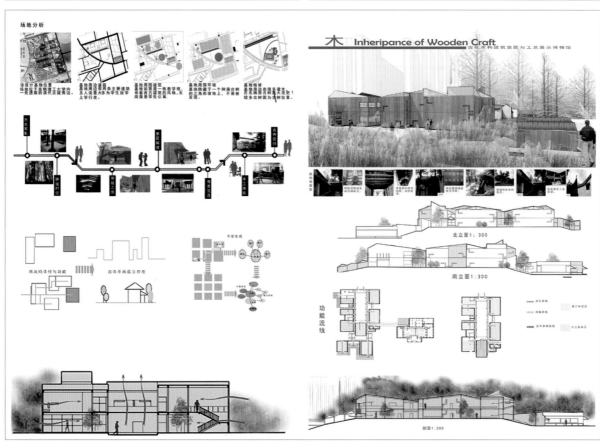

古代木构博物馆　　　　黄蒲蓉

建筑与城市规划学院

THE CUTURE CARNIVAL | MUSEUM OF YI

彝宴 | 云南乐居村彝族文化博物馆设计   1|3

设计说明
DESIGN SPECIFICATION

本设计选址于云南省昆明市乐居村。乐居村是云南一个彝族村落，传统民居"一颗印"坐落满整个山丘，阡陌交通，鸡犬相闻。

大约十年前，由于山地条件的限制和生活需求的发展，人们开始搬离山地，搬离祖辈留下的"一颗印"土木屋子，搬到山下平地上建造起了混凝土洋房。老一辈的人往脱下五彩的服饰，抛去繁琐而精致银饰，与汉族人们一起生活。通俗，自己的传统民族文化也逐渐被淡化遗忘。

彝族人民至今仍保留着每年夏天的火把节狂欢，火把节被称作"东方的狂欢"，设计称为"彝宴"，也作"彝文化嘉年华"。嘉年华的前身是狂欢节，最早起源于古埃及。嘉年华是把彝族文化像火把节一样，被赋予深厚的情感而被发扬。

设计选址在农村，博物馆也隆之变得不能单单是博物馆，它应该是一个发扬文化同时又能服务于村民四组的场所。因此，解决手段是增加博物馆的可适应性，从而让博物馆创的社会效益更好发挥。让彝族文化更具有生命力。

This design location in joy in the village in kunming, yun'nan province, in village is a yi village in yunnan province, the traditional local-style dwelling houses, "a" is located over the entire hill chickens, talking. About ten years ago, due to the constraint of mountain and the development of the life needs, people begin to move mountain, move from forefathers left by "a" civil house, move to build up a concrete houses on flat ground below. Older people take off the colorful costumes, remove complicated and delicate silver and intermarry with the han people live together. Their traditional national culture also gradually blurred.

Yi people today still retains the torch festival every summer carnival, torch festival, known as the "Oriental carnival" design is called "yi", and "yi culture" carnival, carnival is established on the basis of the carnival, originating in ancient Egypt, the carnival will be like a torch festival, yi culture refers to the given profound feelings and be promoted.

Design location in the countryside, the museum also will become not just the museum, it should be a can carry forward the culture at the same time service Yu Cunmin place for the people. Therefore, the solution is to increase the adaptability of museum, so as to make the museum a better social benefits. Make the yi culture has more vitality.

经济技术指标
TECHNICAL INDICATORS

用地面积：4156 ㎡
建筑占地面积：2910 ㎡
建筑盖积：3415 ㎡

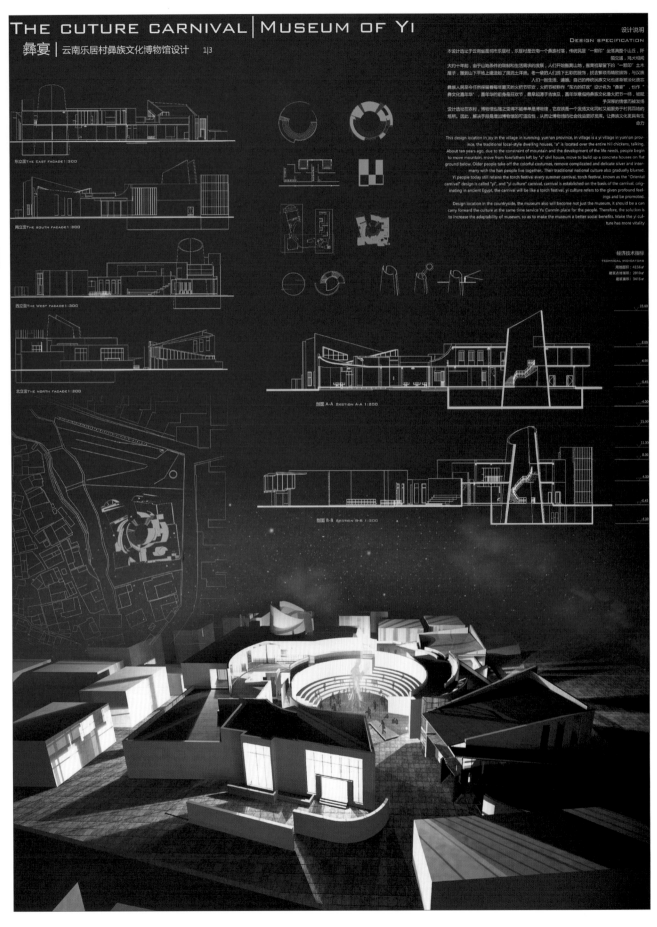

东立面 THE EAST FACADE 1:300
南立面 THE SOUTH FACADE 1:300
西立面 THE WEST FACADE 1:300
北立面 THE NORTH FACADE 1:300

剖面 A-A Section A-A 1:200
剖面 B-B Section B-B 1:200

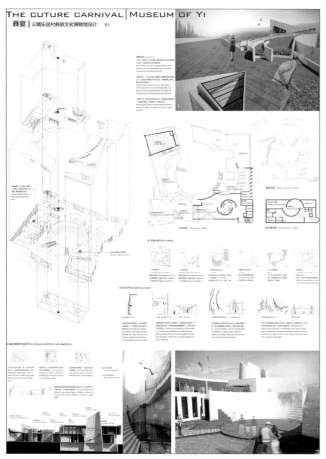

彝宴
The culture carnival Museum of YI

马杰希

MOA Design

沈荣泽

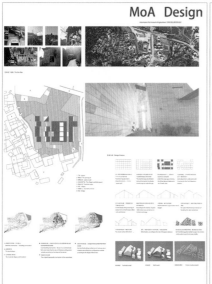

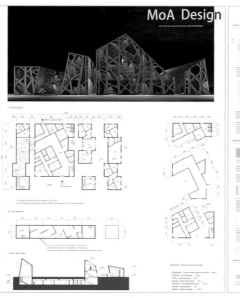

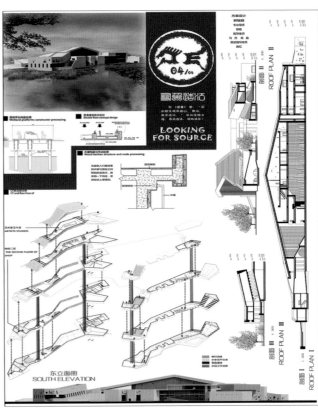

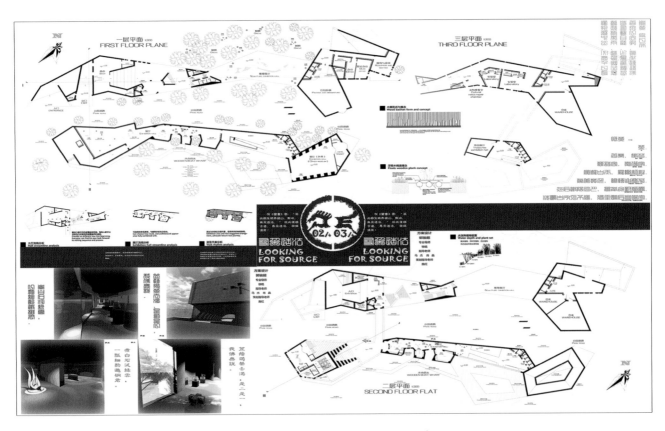

茶文化博物馆设计

郭骏超

垂直·农舍
VERTTIAL FARMING VOMMUNITY

应元波

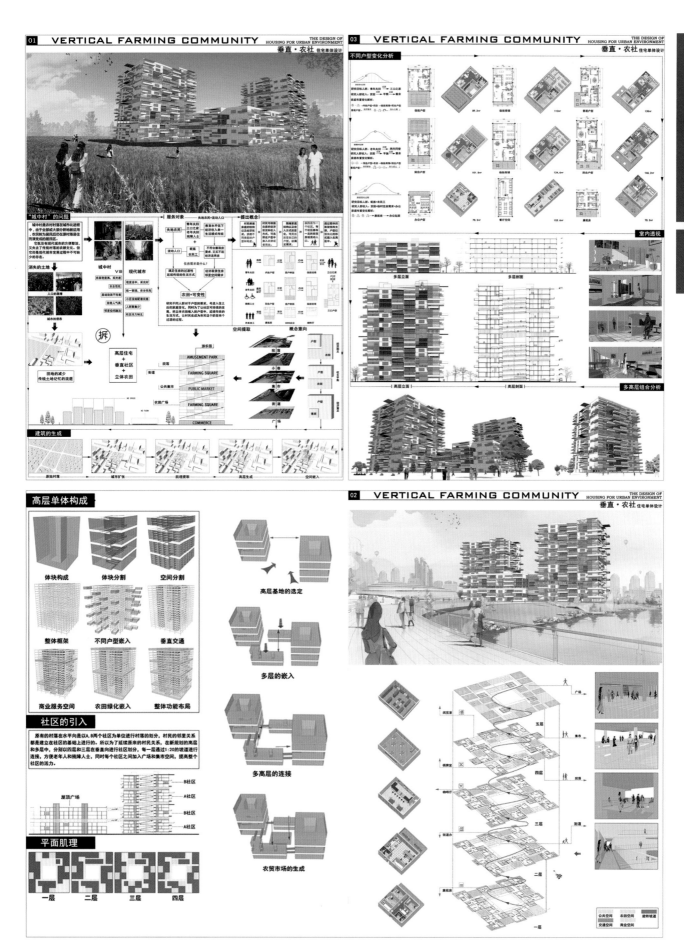

建筑与城市规划学院

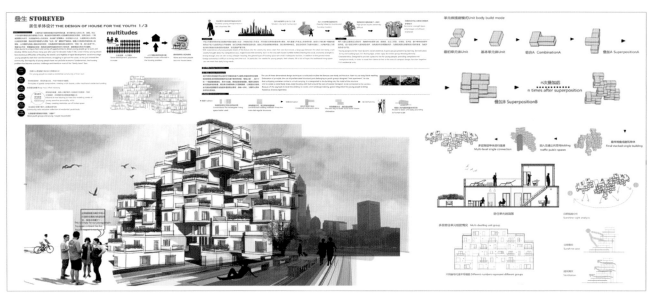

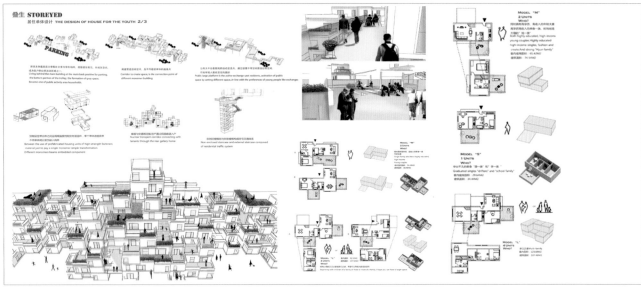

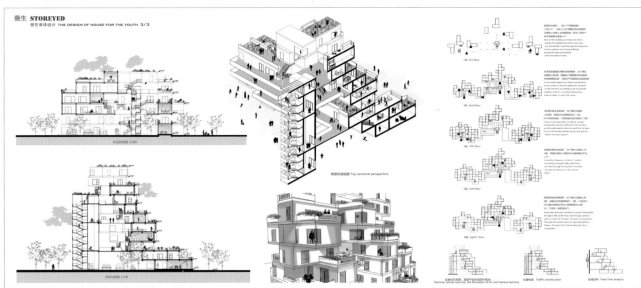

叠生　Storeyed　　　钱奕君

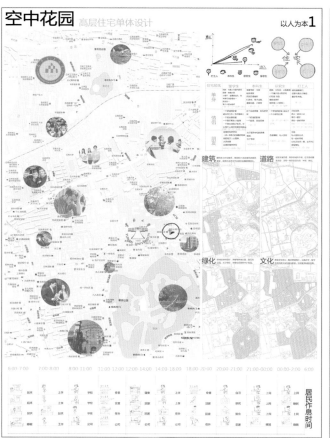

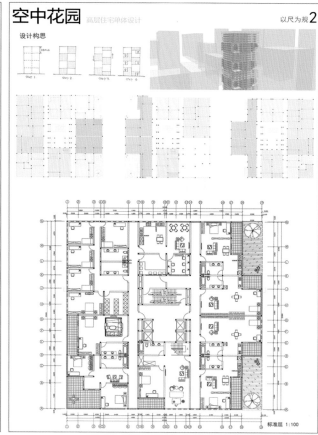

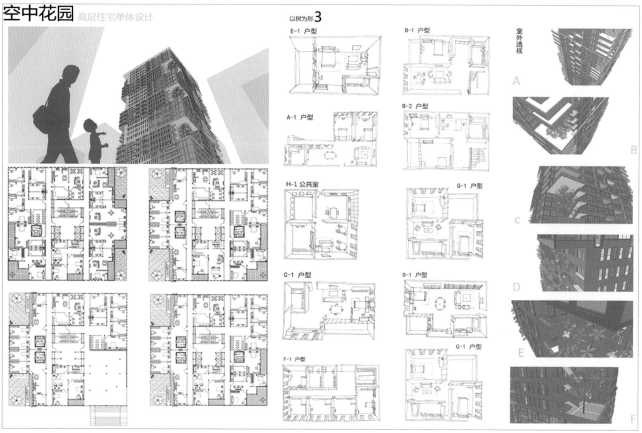

空中花园——高层住宅单体设计　　　　叶雨辰

建筑与城市规划学院

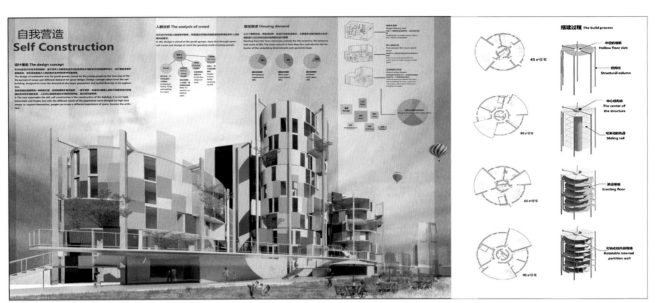

自我营造
Self Construction

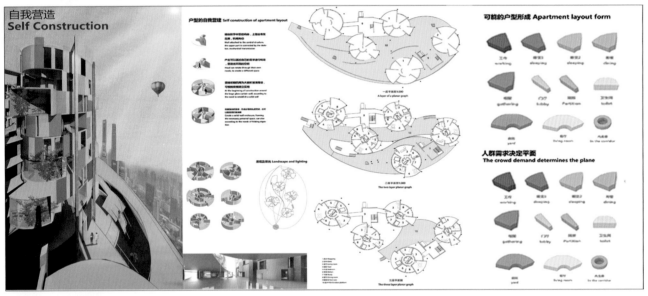

自我营造
Self Construction

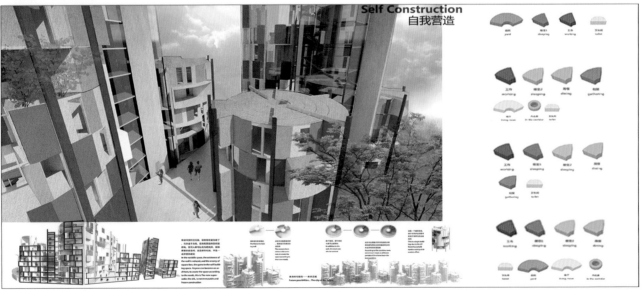

Self Construction
自我营造

自我营造　　Self Construction　　　耿丽媛

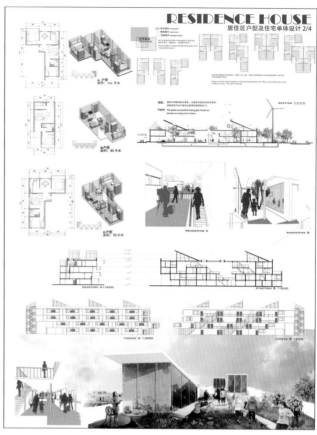

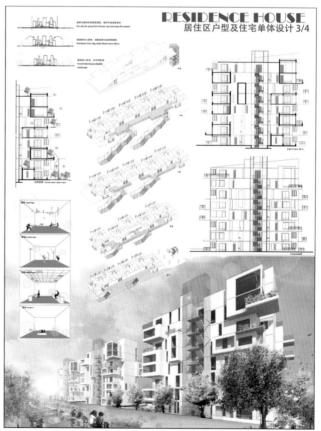

Residence house　　　　阮思琪

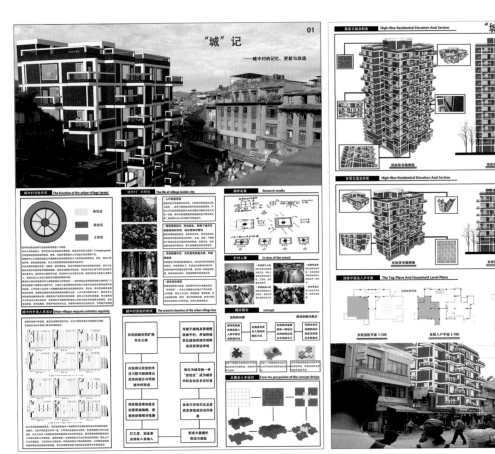

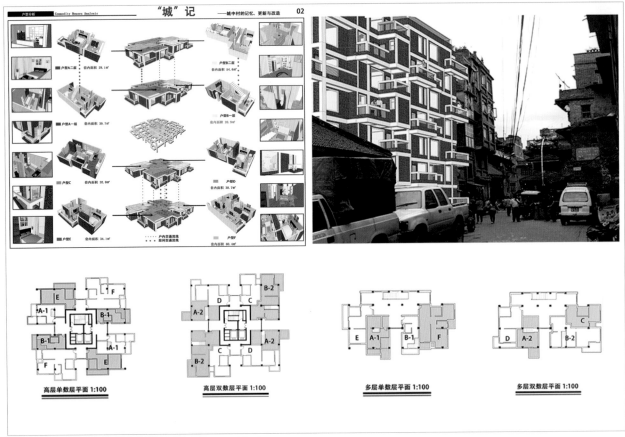

城记——城中村的记忆更新与改造　　杨梦雪

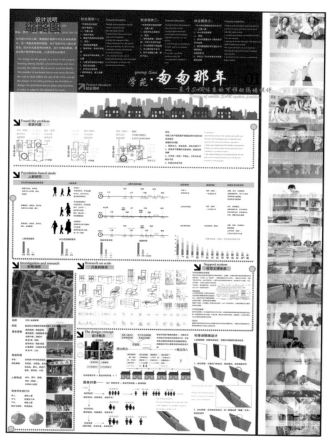

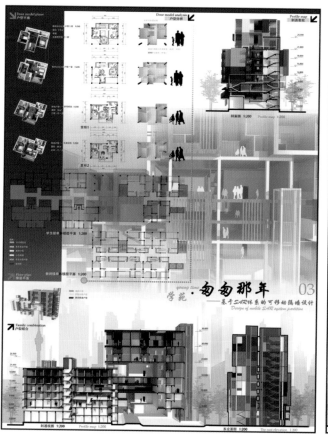

匆匆那年——基于 SAR 体系的可移动隔墙设计　　　　罗　丹

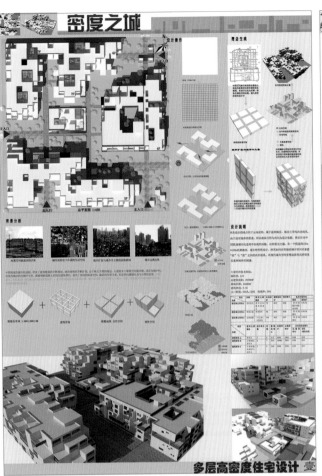

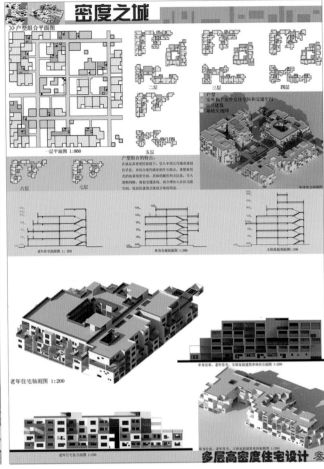

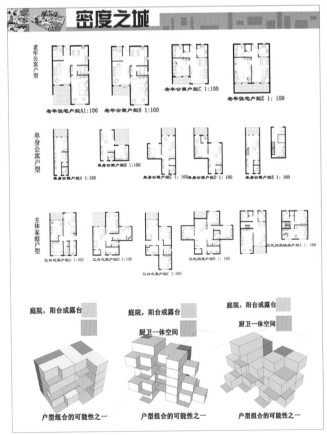

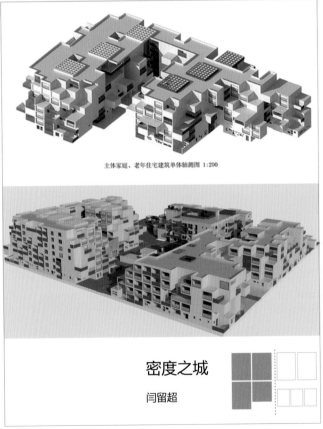

密度之城

闫留超

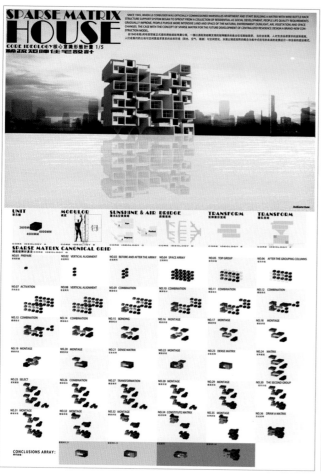

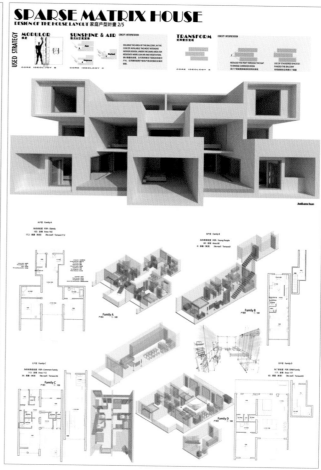

Sparse Matrix House

郭骏超

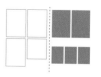

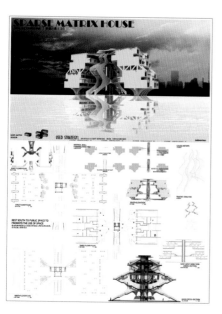

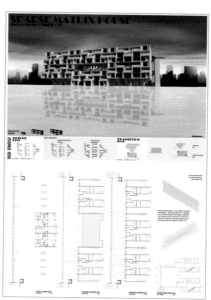

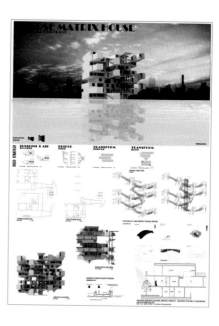

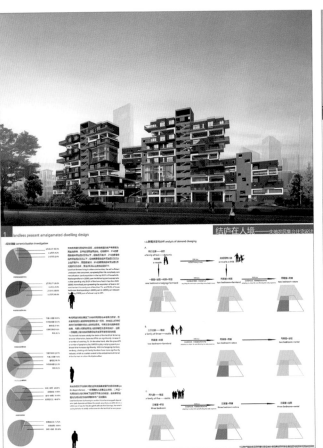

结庐在人境——失地农民集合住宅设计

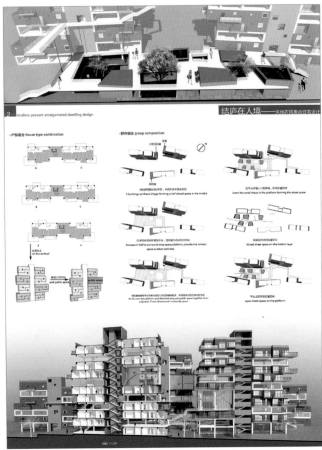

2 landless peasant amalgamated dwelling design

结庐在人境——失地农民集合住宅设计

○户型组合 house type combination   ○群体组合 group composition

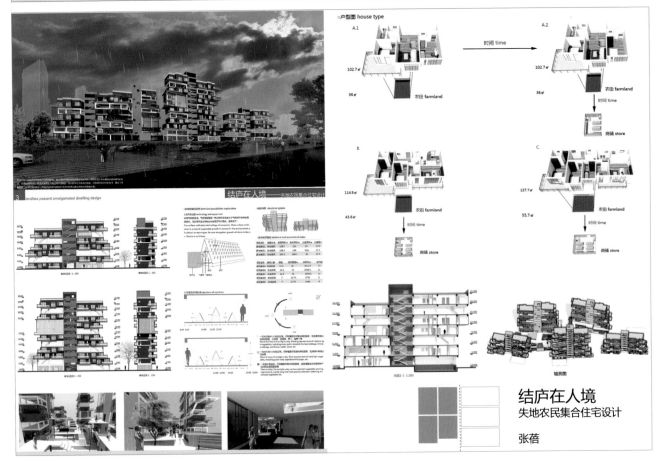

○户型图 house type

A.1   时间 time   A.2
102.7㎡   102.7㎡
36㎡ 农田 farmland   36㎡ 农田 farmland
时间 time
商铺 store

B.   C.
114.9㎡   137.7㎡
43.6㎡ 农田 farmland   55.7㎡ 农田 farmland
时间 time   时间 time
商铺 store   商铺 store

结庐在人境
失地农民集合住宅设计

张蓓

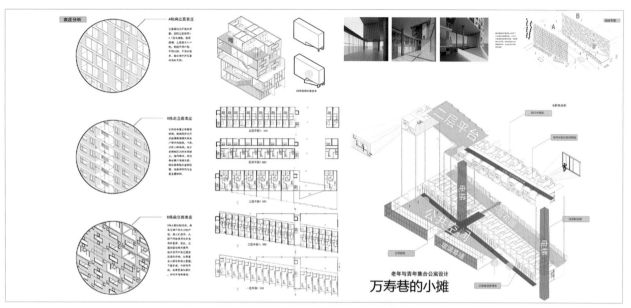

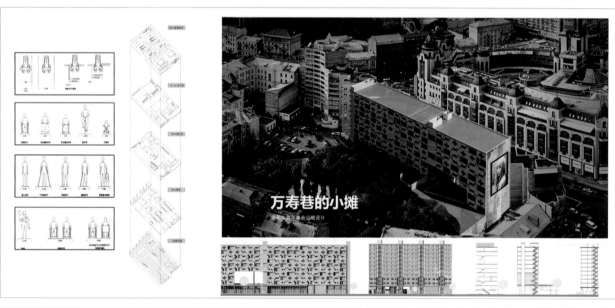

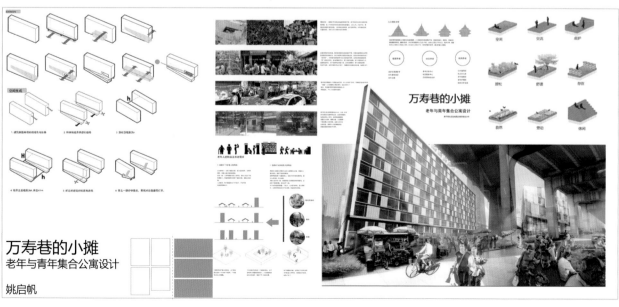

万寿巷的小摊
老年与青年集合公寓设计

姚启帆

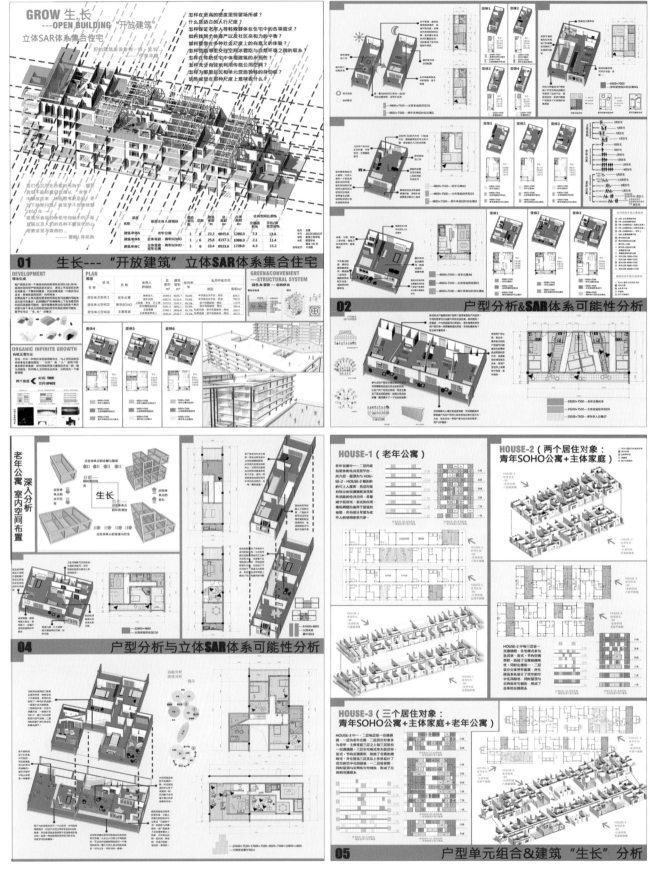

生长──开放建筑　　安　蕾

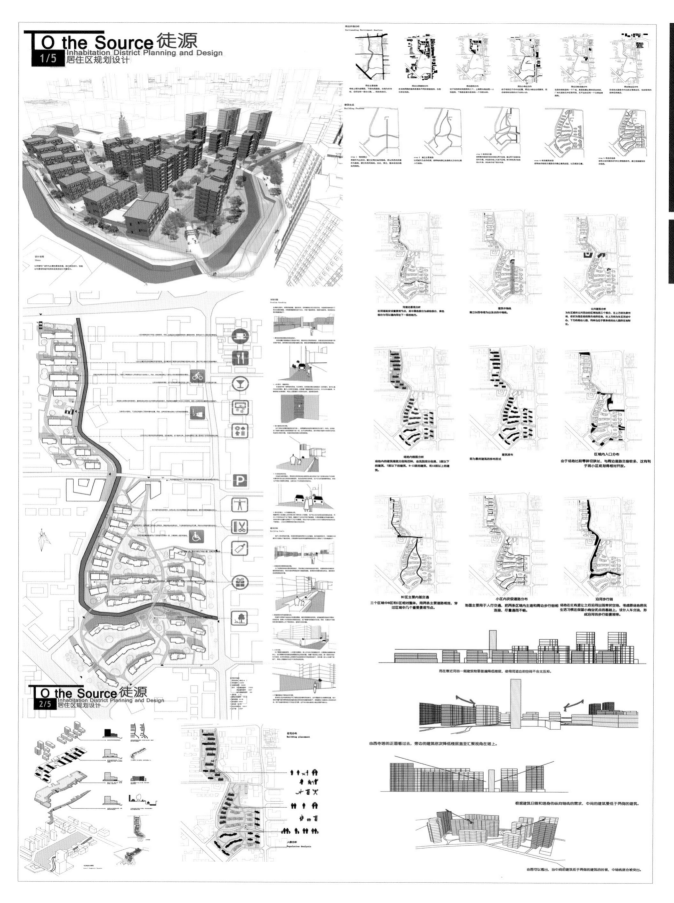

To the Source　徒源　　　翟星玥　白雪莹

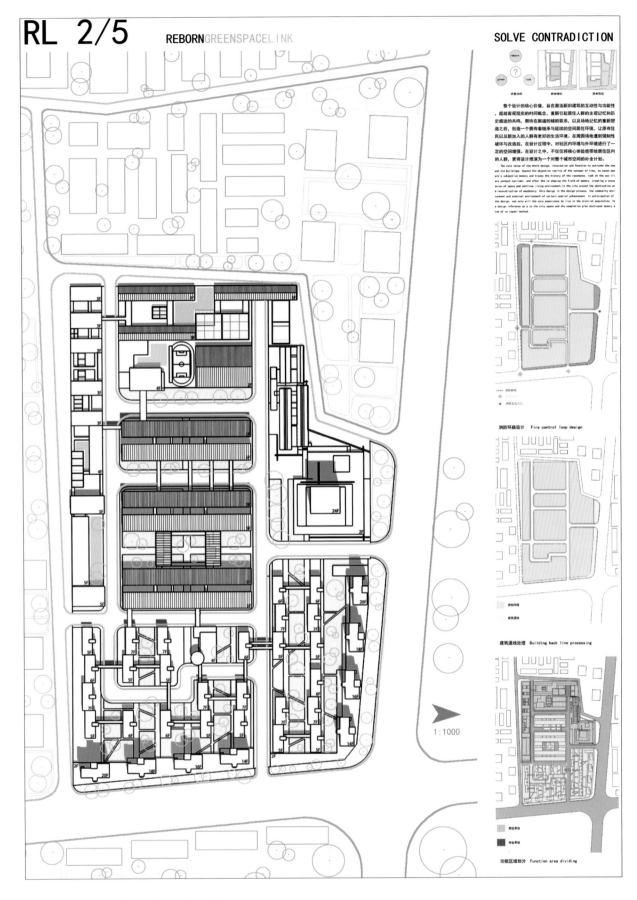

SOLVE CONTRADICTION

整个设计的核心价值，旨在激活新旧建筑的互动性与功能性，超越客观现实的时间概念，重新引起居住人群的主观记忆和历史痕迹的共鸣，期待在廊道的辅助联系，以及场地记忆的重新塑造之后，创造一个拥有着继承与延续的空间居住环境，让原有住民以及新加入的人群有更好的生活环境。在周围场地遭到强制性破坏与改造后，在设计过程中，对社区内环境与外环境进行了一定的空间增强，在设计之中，不仅仅核心体验感带给居住区内的人群，更将设计推演为一个对整个城市空间的补全计划。

The core value of the whole design, interaction and function to activate the new and old buildings, beyond the objective reality of the concept of time, to cause people's subjective memory and traces the history of the resonance, look at the auxiliary contact corridor, and after the shaping the field of memory, creating a succession of space and continue living environment, in the site around the destruction and reconstruction of mandatory, this design in the design process, the community environment and external environment of certain spatial enhancement, in anticipation of the design, not only will the core experience to live in the district population, the design inference as to the city space and the completion plan destroyed memory a ruse of re repair method.

消防环路设计　Fire control loop design

建筑退线处理　Building back line processing

功能区域划分　Function area dividing

1:1000

建筑与城市规划学院

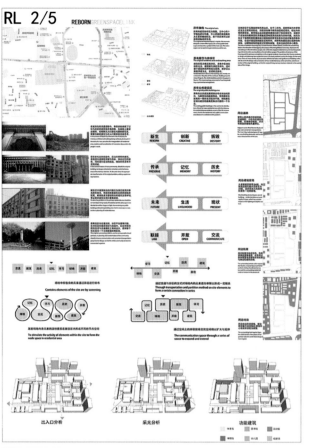

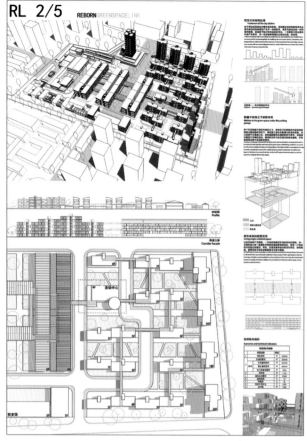

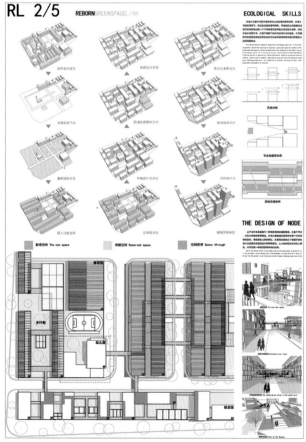

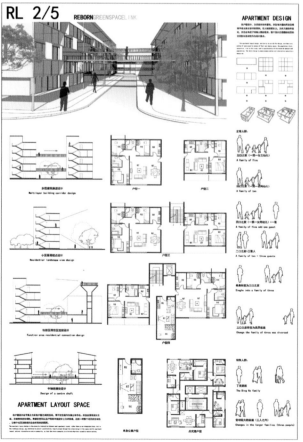

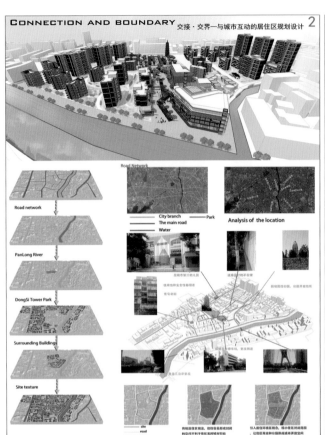

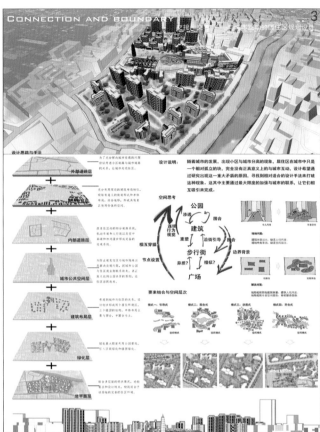

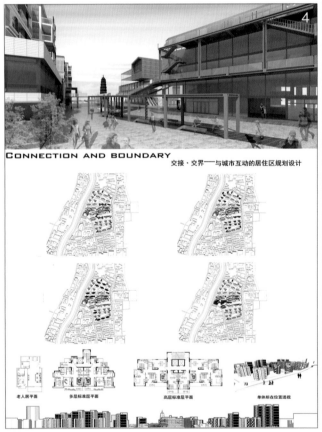

交接·交界——与城市互动的居住区规划设计　　杨志斌 等

Other community

Village time entry

The courtyard
Multilayer architecture

Village roads
A car park entrance

Concentrated shops

Activities square

Open public park

Greening shaft
Small square

The arches

The garage entrance

The pedestrian entrance

Community groups road

Big tank

Waterscape garden

A car park entrance
The underground garage light Wells
Garden water features
The kindergarten

Ring the enter
Communication space
The hospital

Urban trunk road
The kindergarten
City times road

Shopping
Commercial pedestrian street
Entrance
shops

Small high-rise
Car Park

Panlong River

The courtyard
Fire lane

Entrance to the underground garage
Village time entry

总建筑面积:131400㎡　　住宅建筑面积:105120㎡

公建面积:26280㎡　　住宅平均层数:8.2层

绿化率:68%　　人口净密度:1500人/公顷

停车率:110%　　人口毛密度:220人/公顷

The scale of the map is 1: 800

交接·交界——与城市互动的居住区规划设计　　杨志斌 等

1. 步行商业街 Commercial Street On Foot
2. 社区活动中心 Community Activity Center
3. 景观绿化带 Landscape
4. 休闲广场 People Square
5. 网球场 Tennis Palyground
6. 停车林 Park Lin
7. 艺术家展览中心 Architectural Exhibition Center
8. 艺术家居住区 Architectural Residential Community
9. 渔民居 Folk House
10. 游艇码头 Yacht dock
11. 湿地 Wet Land
12. 观道 Corridor
13. 金色麦田 Golden Cornfield
14. 树林 Forest
15. 山丘 Mount
16. 洱海 Lake

双廊 Residential District Planning Of Coastal Tourism District 1

生成过程 Forming Analysis

双廊 Residential District Planning Of Coastal Tourism District 3

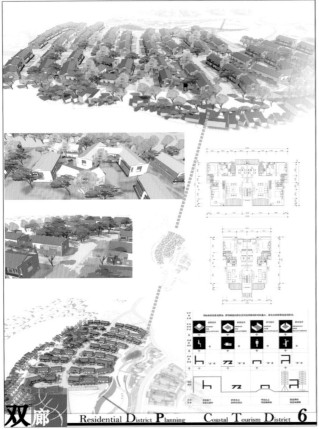

双廊 Residential District Planning Coastal Tourism District 6

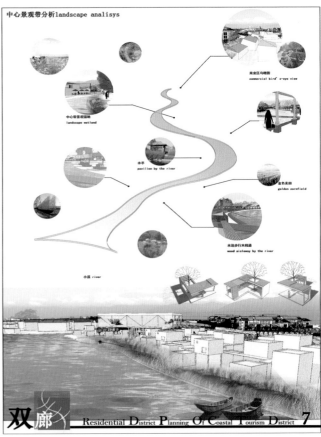

中心景观带分析 landscape analisys

黄金区与鸟瞰图
commercial bird's-eye view

中心带景观湿地
landscape wetland

水亭
pavilion by the river

金色麦田
golden cornfield

水边步行木栈道
wood aisleway by the river

小溪 river

双廊 Residential District Planning Of Coastal Tourism District 7

双廊住区规划　　　查竹君　安　蕾

Kust Architectural Education **70**
2006—2015

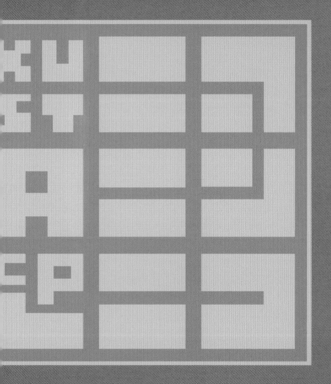

四 年 级 设 计
Fourth Year Program Design

忽文婷 华 峰 杨 健 李 倩 郭 伟
李莉萍 叶涧枫 马 杰 马青宇 吴志宏

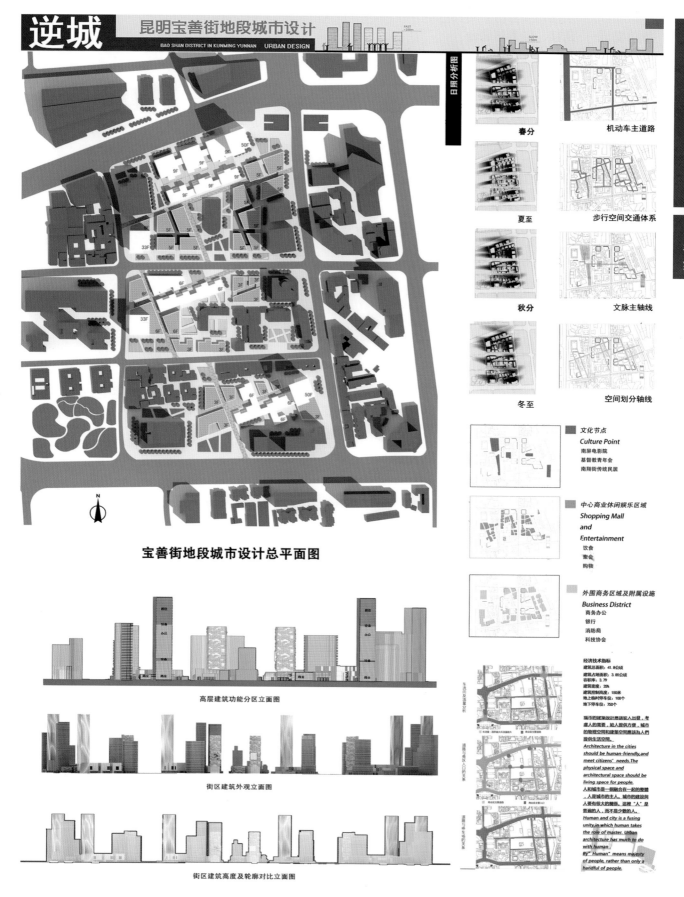

逆城

昆明宝善街地段城市设计

BAO SHAN DISTRICT IN KUNMING YUNNAN　URBAN DESIGN

建筑学·学生作品
ARCHITECTURE

四年级
FOURTH

日照分析图

春分
夏至
秋分
冬至

机动车主道路
步行空间交通体系
文脉主轴线
空间划分轴线

文化节点
Culture Point
南屏电影院
基督教青年会
南阳街传统民居

中心商业休闲娱乐区域
Shopping Mall
and
Entertainment
饮食
赛食
购物

外国商务区域及附属设施
Business District
商务办公
银行
消防局
科技协会

宝善街地段城市设计总平面图

高层建筑功能分区立面图

街区建筑外观立面图

街区建筑高度及轮廓对比立面图

经济技术指标
建筑总面积：41.8公顷
建筑占地面积：3.85公顷
容积率：3.79
建筑密度：35%
建筑控制高度：150米
地上机动停车位：100个
地下停车位：750个

城市的建筑设计应该让人出彩，考虑人的需要，给人提供方便，城市的物理空间和建筑空间应该为人们提供生活空间。
Architecture in the cities should be human-friendly,and meet citizens' needs.The physical space and architectural space should be living space for people.
人和城市是一个融合在一起的整体，人是城市的主人，城市的建设与人要有很大的联系，造把"人"是普遍的人，而不是少数的人。
Human and city is a fusing unity,in which human takes the role of master. Urban architecture has much to do with human.
By" Human" means majesty of people, rather than only a handful of people.

逆城　昆明宝善街地段城市设计　　苏　毅　褚思硕

建筑与城市规划学院

井院街城---延续、颠覆与缝合
城市RBD有机更新设计

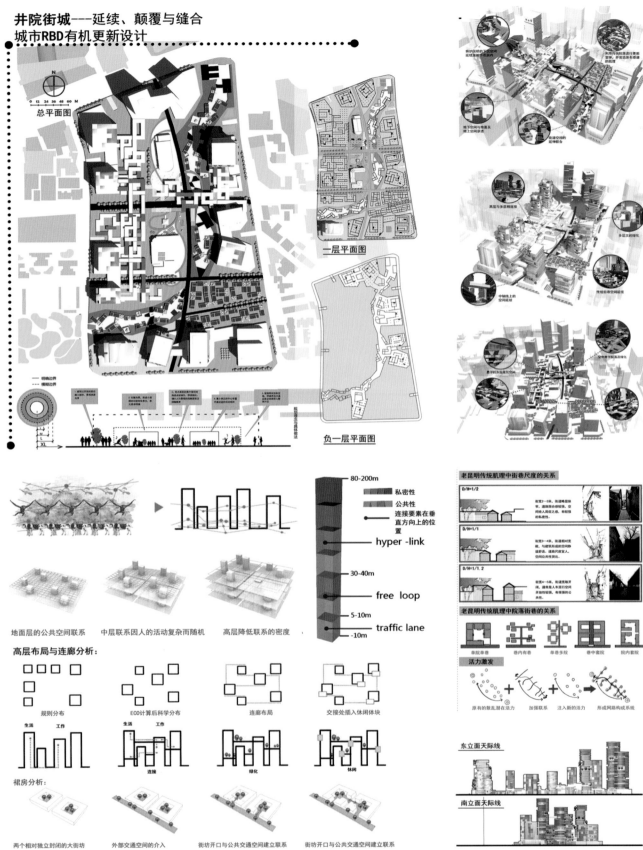

总平面图

一层平面图

负一层平面图

明确边界
模糊边界

hyper -link

free loop

traffic lane

80-200m
私密性
公共性
连接要素在垂
直方向上的位置

30-40m

5-10m

-10m

地面层的公共空间联系

中层联系因人的活动复杂而随机

高层降低联系的密度

高层布局与连廊分析：

规则分布

ECO计算后科学分布

连廊布局

交接处插入休闲体块

生活 工作

生活 工作

连接

绿化

休闲

裙房分析：

两个相对独立封闭的大街坊

外部交通空间的介入

街坊开口与公共交通空间建立联系

街坊开口与公共交通空间建立联系

老昆明传统肌理中街巷尺度的关系

D/H=1/2

D/H=1/1

D/H=1/1.2

老昆明传统肌理中院落街巷的关系

单院单巷

巷内有巷

单巷多院

巷中套院

院内套院

活力激发

原有的散乱潜在活力

加强联系

注入新的活力

形成网路构成系统

东立面天际线

南立面天际线

井院街城 城市 RBD 有机更新设计 安 蕾 邓 俊

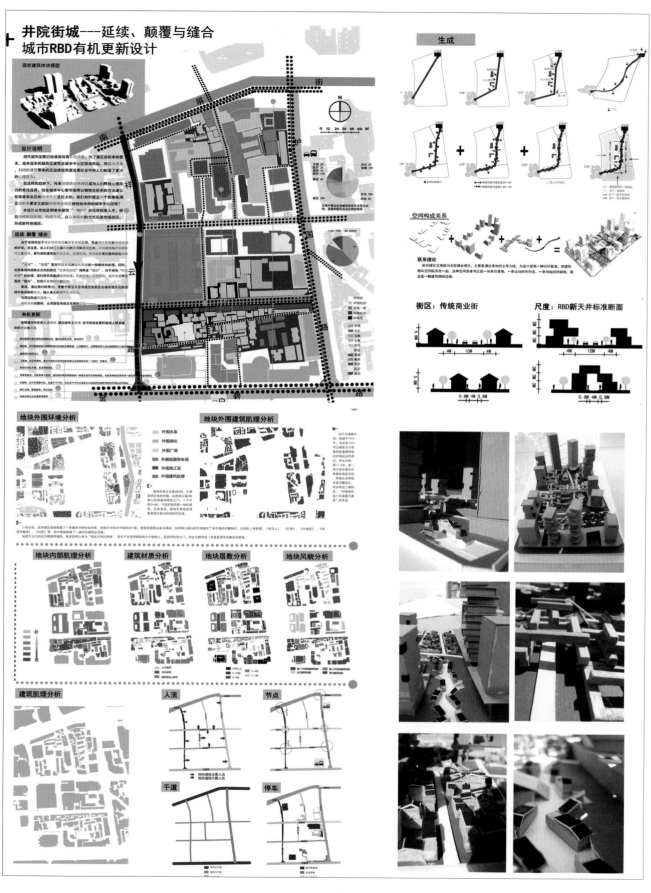

井院街城———延续、颠覆与缝合
城市RBD有机更新设计

生成

井院街城　城市RBD有机更新设计　　安 蕾 邓 俊

诠 释
昆明宝善街地段城市设计

改造不是对老城的入侵，而是为其做出诠释。通过适当的拆除、整理、缝合、新旧之间建立起一种诗意的链接。

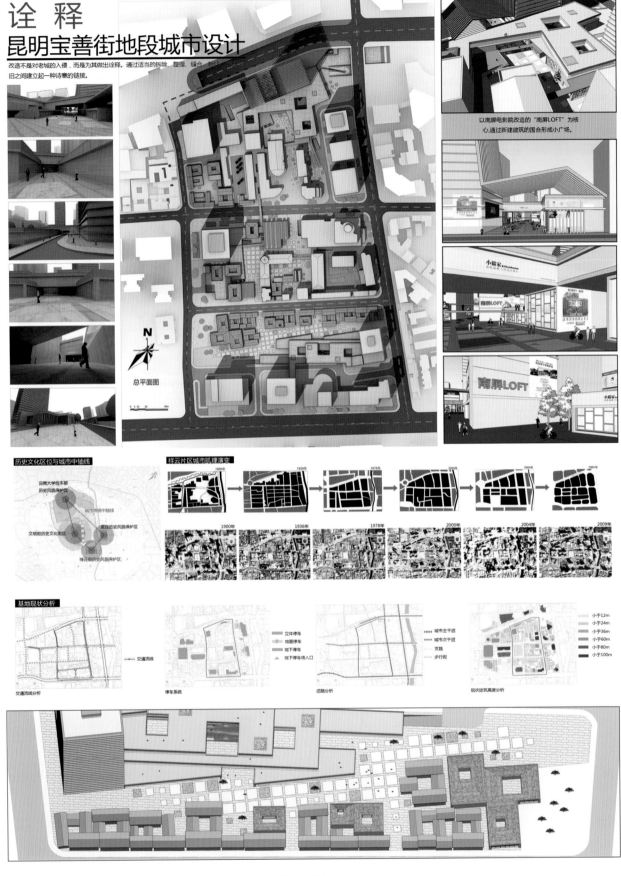

以南屏电影院改造的"南屏LOFT"为核心，通过新建筑的围合形成小广场。

总平面图

历史文化区位与城市中轴线

云南大学校本部
历史风貌保护区
城市传统中轴线
翠湖历史风貌保护区
文明街历史文化街区
祥云街历史风貌保护区

祥云片区城市肌理演变

1900年　1936年　1978年　2000年　2004年　2009年

基地现状分析

交通流线　立体停车　地面停车　地下停车　地下停车场入口
交通流线分析　停车系统　道路分析

城市主干道
城市次干道
支路
步行街

小于12m
小于24m
小于36m
小于60m
小于80m
小于100m
现状建筑高度分析

诠释　昆明宝善街地段城市设计　　匡私衡　贾竟

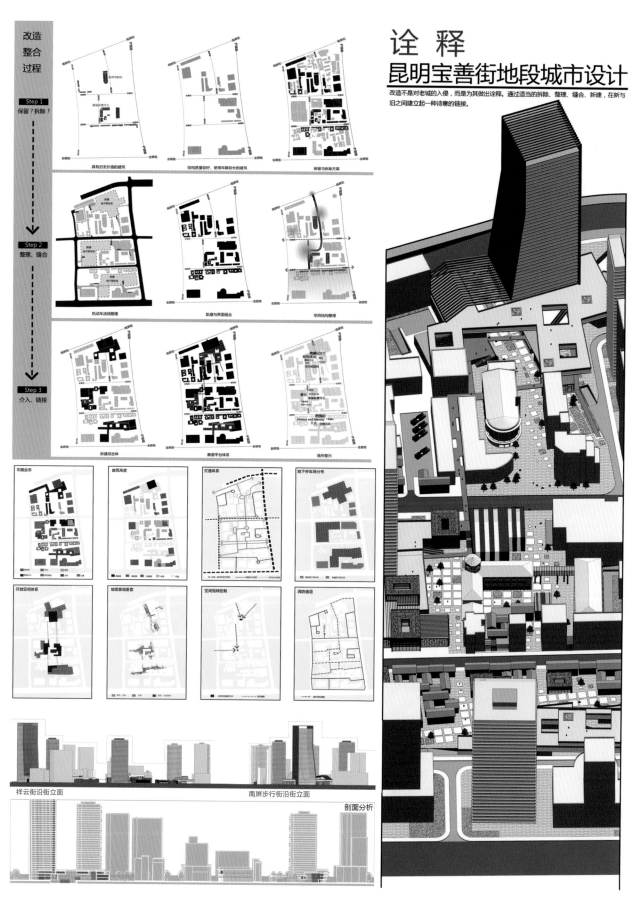

改造整合过程

Step 1
保留？拆除？

Step 2
整理、缝合

Step 3
介入、链接

具有历史价值的建筑

结构质量较好、使用年限较长的建筑

保留与拆除方案

机动车流线整理

肌理与界面缝合

空间结构整理

新建综合体

廊道平台体系

场所复兴

功能业态

建筑高度

交通体系

地下停车场分布

开放空间体系

地面景观要素

空间视线控制

消防通道

祥云街沿街立面

南屏步行街沿街立面

剖面分析

诠 释
昆明宝善街地段城市设计

改造不是对老城的入侵，而是为其做出诠释。通过适当的拆除、整理、缝合、新建，在新与旧之间建立起一种诗意的链接。

诠释　昆明宝善街地段城市设计　　匡私衡　贾竟

[宝善街地段城市设计] Urban design of baoshan

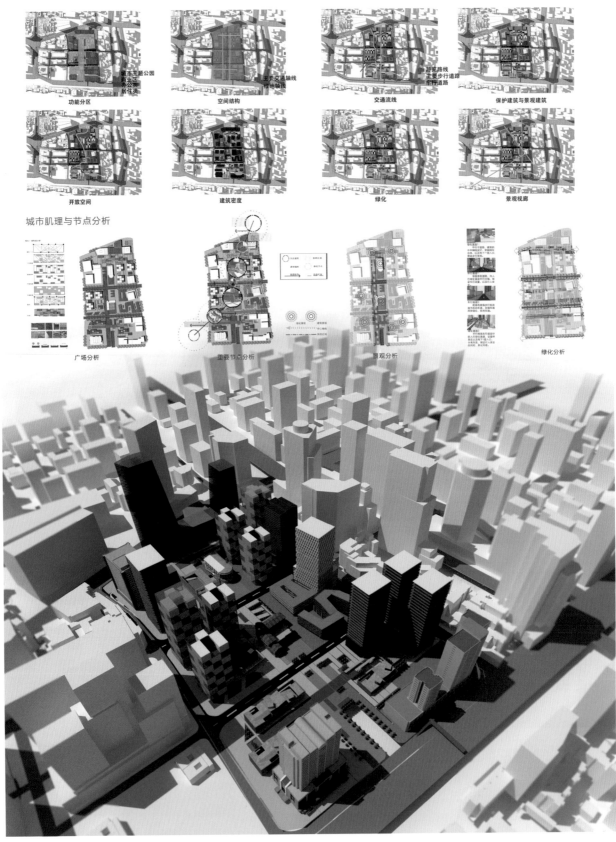

城市肌理与节点分析

广场分析　　　　　重要节点分析　　　　　景观分析　　　　　绿化分析

宝善街地段城市设计　　Urban Design of Baoshan　　　　蒋 涛 蒋 南

[宝善街地段城市设计] Urban design of baoshan

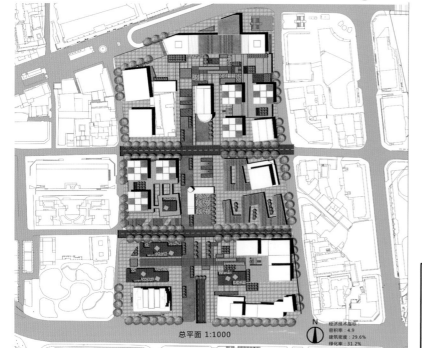

总平面 1:1000

经济技术指标
容积率：4.9
建筑密度：29.6%
绿化率：31.2%

量化分析

原理：基于元胞自动机的编程

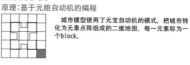

城市模型使用了元宝自动机的模式，把城市转化为元素点阵组成的二维地图，每一元素称为一个block。

遵循以下规则进行演变：
1. 每一个block在每一时刻有确切的用地性质。

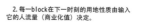

2. 每一block在下一时刻的用地性质由输入它的人流量（商业化值）决定。

3. 每一block根据其用地性质向其邻近的block输出不同水平的人流量。

元素及其参数

Road: 道路
flow: 人流量
input flow: 外部输入流量
width: 宽度
traffic limit: 最大通行系数
ε: 单元商业化值
limit=(width + traffic limit)
flow = (input flow + width)

road
影响辐射系数
COMMENCIAL LIMIT　RESIDENTIAL LIMIT
INTEGRATION LIMIT　OPENSPACE LIMIT
STIMULATION LIMIT
ε商业化值
ρ:演变概率
ε=∑flow*width/distance² + ∑αdistance²

量化过程

影响程序因素图解

不同道路的流量选择

公共空间的价值

公路商业的尺度

刺激点

商业密度

通过性选择

结论推测：

由以上过程可看出，图中画蓝色圆圈区域变化较为明显（活跃），因而该两部分地区作为商业价值较高的区域而存在。

初步分区

商业
居住
居住
商业

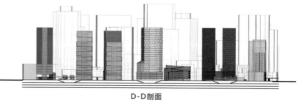

C-C剖面

D-D剖面

宝善街地段城市设计　Urban Design of Baoshan　　蒋涛 蒋南

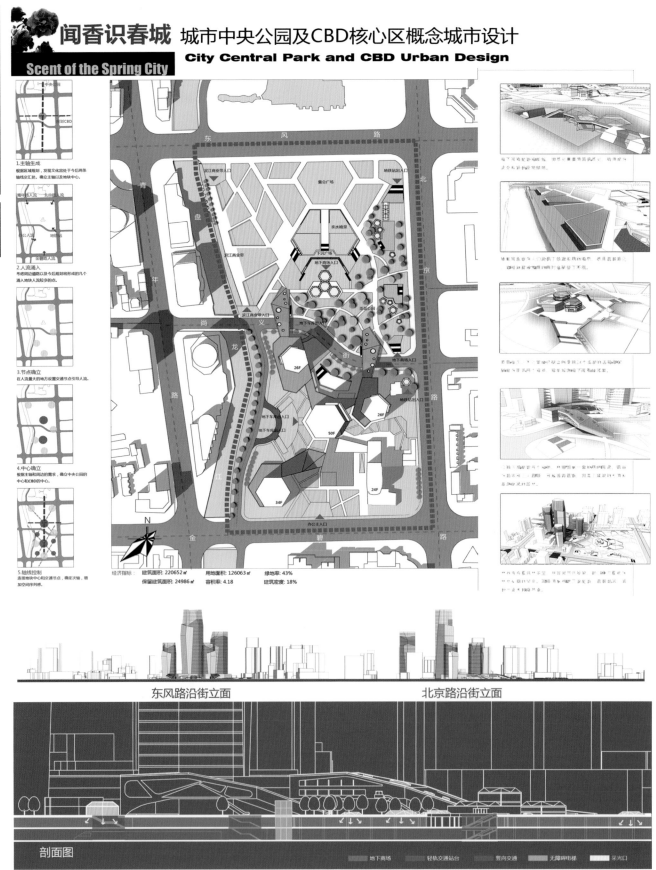

闻香识春城 城市中央公园及CBD核心区概念城市设计
City Central Park and CBD Urban Design
Scent of the Spring City

建筑与城市规划学院

闻香识春城 城市中央公园及 CBD 核心区概念城市设计　　李金哲

闻香识春城

城市中央公园及CBD核心区概念城市设计

City Central Park and CBD Urban Design

Scent of the Spring City

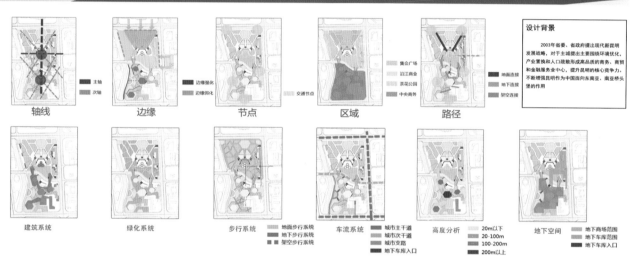

轴线　　主轴　　次轴

边缘　　边缘强化　　边缘弱化

节点　　交通节点

区域　　集会广场　沿江商业　茶花公园　中央商务

路径　　地面连接　地下连接　架空连接

设计背景

2003年省委、省政府提出现代新昆明发展战略，对于主城提出主要围绕环境优化、产业置换和人口疏散形成高品质的商务、商贸和金融服务业中心，提升昆明的核心竞争力，不断增强昆明作为中国面向东南亚、南亚桥头堡的作用

建筑系统

绿化系统

步行系统　　地面步行系统　地下步行系统　架空步行系统

车流系统　　城市主干道　城市次干道　城市支路　地下车库入口

高度分析　　20m以下　20-100m　100-200m　200m以上

地下空间　　地下商场范围　地下车库范围　地下车库入口

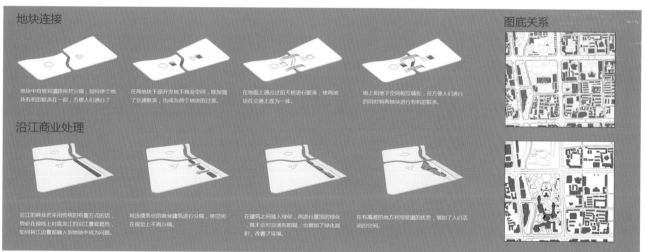

地块连接

地块中有规划道路将其分隔，如何使各个地块有机的联系在一起，方便人们通行？

在两地块下部开发地下商业空间，既加强了交通联系，也成为两个地块的过渡。

在地面上通过过街天桥进行联系，使两地块在交通上连为一体。

地上和地下空间粗互辅佐，在方便人们通行的同时将两地块进行有机的联系。

沿江商业处理

沿江的商业若采用传统的布置方式的话，势必在视线上对盘龙江的沿江景观遮挡，如何将江边景观融入到地块中成为问题。

将连续条状的商业建筑进行分隔，再进行屋顶的绿化，使空间在视觉上不再分隔。

在建筑之间插入绿化，进行屋顶的绿化，既不会对交通有阻挡，也增加了绿化面积，改善了环境。

在有高差的地方利用坡道的优势，增加了人们活动的空间。

图底关系

闻香识春城　城市中央公园及 CBD 核心区概念城市设计　　李金哲

建筑与城市规划学院

起承转合

城市多层社区的居住环境营造研究 ●●●●●●●●●●●●●●●●● 特定人群的居住行为

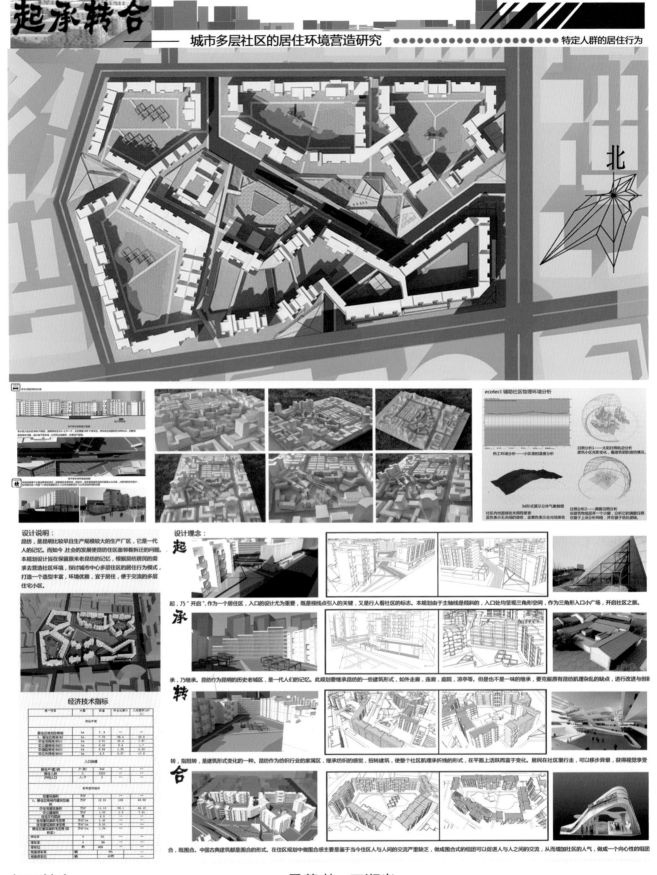

北

设计说明：

昆纺，是昆明比较早且生产规模较大的生产厂区，它是一代人的记忆。而如今，社会的发展使昆纺住区面邻着拆迁的问题。本规划设计旨在保留原来老昆纺的记忆，根据昆纺居民的需求去营造社区环境，探讨城市中多层社区的居住行为模式，打造一个造型丰富，环境优雅，宜于居住，便于交流的多层住宅小区。

设计理念：

起

起，乃"开启"，作为一个居住区，入口的设计尤为重要，既是视线点引入的关键，又是行人看着社区的标志。本规划由于主轴线为倾斜的，入口处均呈现三角形空间，作为三角形入口小广场，开启社区之旅。

承

承，乃继承。昆纺为昆明的历史老城区，是一代人们的记忆。此规划要继承昆纺的一些建筑形式，如外走廊，连廊，庭院，凉亭等。但是也不是一味的继承，要克服原有昆纺肌理杂乱的缺点，进行改进与创新。

转

转，指扭转，是建筑形式变化的一种。昆纺作为纺织行业的家属区，继承纺纺的感觉，扭转建筑，使整个社区肌理承折线的形式，在平面上活跃而富于变化。居民在社区里行走，可以移步异景，获得视觉享受。

合

合，既围合。中国古典建筑都是围合的形式。在住区规划中做围合感主要是鉴于当今住区人与人间的交流严重缺乏，做成围合式的组团可以促进人与人之间的交流，从而增加社区的人气，做成一个向心性的组团

经济技术指标

序号项目	计量	数量	所占比例(%)	人均指标(m²/人)
用地平衡				
居住区规划总用地	ha	7.3		
居住(公用)用地(R01)	ha	7.18	98.6	30.6
①住宅用地(R01)	ha	4.5	23.4	7.97
②公建用地(R02)	ha	0.43	5.6	1.7
③道路用地(R03)	ha	0.84	1.06	3.33
公共绿地用地	ha	4.5	0.37	17.5
人口指标				
居住户数	户	840		
居住人数	人	2320		
户均人口	人/户	3		
经济技术指标				
总建筑面积	万m²			
1.居住区用地内建筑总面积	万m²	12.33	100	45.92
①住宅建筑面积	万m²	11.12	90.1	46.12
②公建面积	万m²	1.80	1.9	7.61
住宅建筑净密度	万m²/ha	1.42		
居住区人口毛密度	万人/ha	5.33		
住宅建筑面积毛密度	万m²/ha	1.58		
绿地率	%	56		
容积率	辆	420		
建筑密度	%	9%		
地面停车位	辆	40辆		

起承转合　城市多层社区的居住环境营造研究　　桑蓉琪　王润义

起承转合
—— 城市多层社区的居住环境营造研究 ●●●●●●●●●●●●●● 特定人群的居住行为

规划形体构思

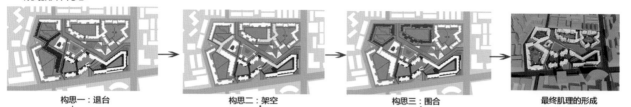

构思一：退台　　　　　构思二：架空　　　　　构思三：围合　　　　　最终肌理的形成

构思一：建筑逐层退台的形式，营造立面上的起伏感和形式感。

构思二：把局部建筑抬高架空，既有益于景观视线的引入，又可以穿插的建筑形式感。

构思三：根聚传统建筑的院落围合形式，做成围合感的建筑形式，也促进了组团内人员的沟通。

绿化分析 Greening

大面积绿化，提升小区品质，益与身心健康

■ 绿地景观

水体分析 Wasser Körper

在局部组团内引入水体，更加融入自然，清新空气，提升品质

■ 水体景观

入口分析 entrance

根据住区的使用功能和周边道路关系，设置两个主入口，一个次入口，三个人行入口。

■ 住区主入口
■ 住区次入口
■ 人行住区入口

公共空间设计 public space

在小区中心位置设置公共活动空间，添加服务设施，方便人们交流活动，增加住区人气。

■ 下沉广场
■ 社区活动中心
■ 中心绿地

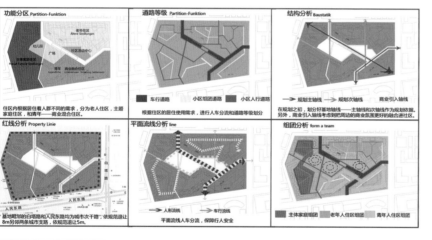

功能分区 Partition-Funktion

老年住区

泛体家庭社区　社区活动中心　幼儿园

青年　商业混合住区　广场

住区内根据居住着人群不同的需求，分为老人住区，主题家庭住区，和青年——商业混合住区。

道路等级 Partition-Funktion

■ 车行道路
■ 小区组团道路
■ 小区人行道路

根据住区的居住使用需求，进行人车分流和道路等级划分

结构分析 Baustatik

→ 规划主轴线
→ 规划次轴线
→ 商业引入轴线

在规划之初，划分好基地轴线——主轴线和次轴线作为规划依据。另外，商业引入轴线考虑到巴周边的商业氛围更好的融合进社区。

红线分析 Property Line

基地邻的白塔路和人民东路均为城市次干路，依规范退让8m另邻两条城市支路，依规范退让5m。

平面流线分析 line

→ 人形流线
→ 车行流线

平面流线人车分流，保障行人安全

组团分析 form a team

■ 主体家庭组团
■ 老年人住区组团
■ 青年人住区组团

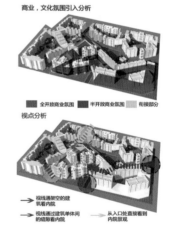

商业，文化氛围引入分析

■ 全开放商业氛围
■ 半开放商业氛围
■ 街接部分

视点分析

→ 视线通架空的建筑单体看内院
→ 视线通过建筑单体间的缝隙看内院
→ 从入口处直接看到内院景观

起承转合　城市多层社区的居住环境营造研究　　　　桑蓉琪　王润义

用错落的空间创造舒适的环境

城市高层酒店设计

用错落的空间创造舒适的环境　　　江 萌

用错落的空间创造舒适的环境

城市高层酒店设计

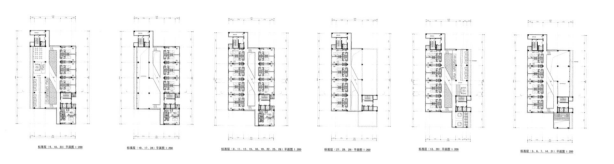

标准层（9、16、23）平面图 1：200　标准层（10、17、24）平面图 1：200　标准层（8、11、12、15、18、19、22、25、26）平面图 1：200　标准层（27、28、29）平面图 1：200　标准层（13、20）平面图 1：200　标准层（5、6、7、14、21）平面图 1：200

1-1剖透视图

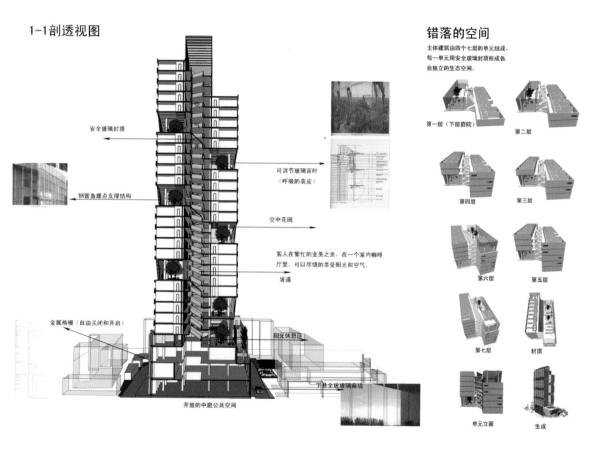

安全玻璃封顶

钢管鱼腹点支撑结构

金属格栅（自由关闭和开启）

开放的中庭公共空间

可调节玻璃百叶
（呼吸的表皮）

空中花园

客人在繁忙的业务之余，在一个室内咖啡
厅里，可以尽情的享受阳光和空气。

坡道

阳光休息区

下悬全玻璃幕墙

错落的空间

主体建筑由四个七层的单元组成，
每一单元用安全玻璃封顶形成各
自独立的生态空间。

第一层（下层庭院）　第二层

第四层　第三层

第六层　第五层

第七层　封顶

单元立面　生成

南立面图1：300　南立面图1：300　南立面图1：300　南立面图1：300

用错落的空间创造舒适的环境　　　江　萌

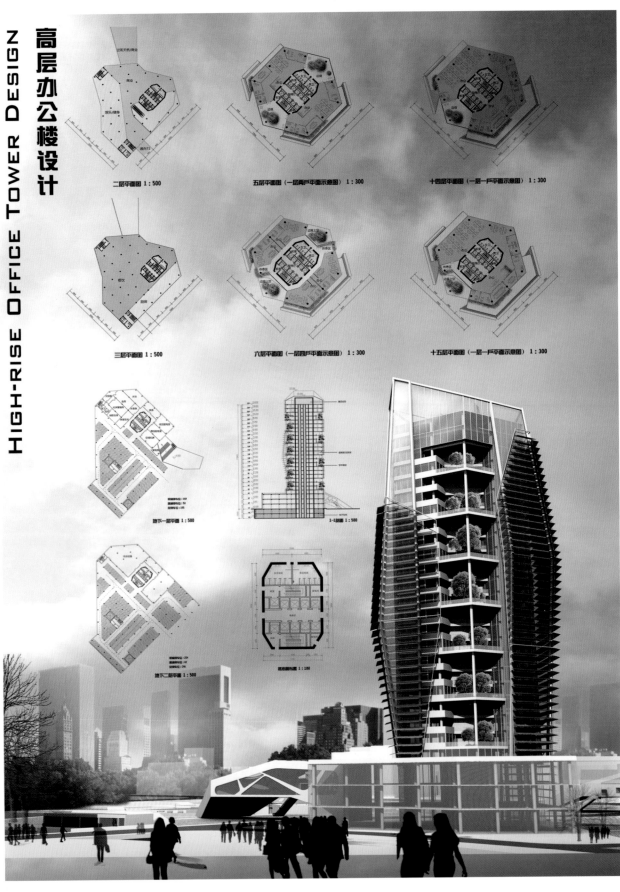

二层平面图 1：500

五层平面图（一层两户平面示意图）1：300

十四层平面图（一层一户平面示意图）1：300

三层平面图 1：500

六层平面图（一层四户平面示意图）1：300

十五层平面图（一层一户平面示意图）1：300

地下一层平面 1：500

1-1剖面 1：500

地下二层平面 1：500

核心筒示意 1：100

高层办公楼设计　　李金哲

HIGH-RISE OFFICE TOWER DESIGN

高层办公楼设计

形体生成

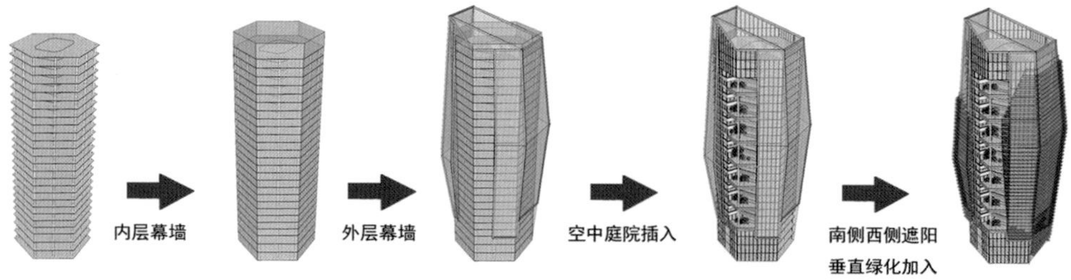
内层幕墙
外层幕墙
空中庭院插入
南侧西侧遮阳
垂直绿化加入

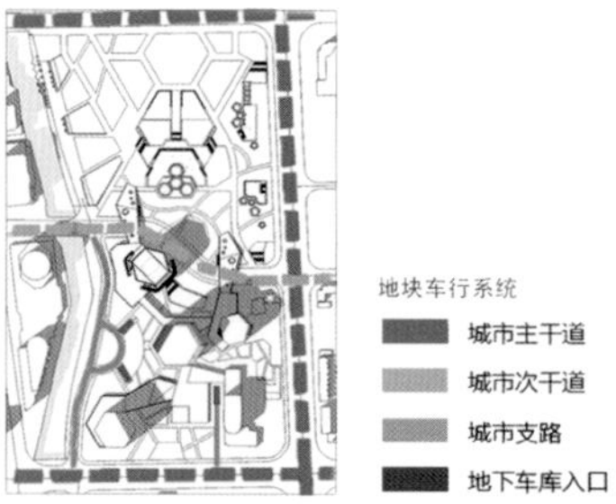
地块车行系统
城市主干道
城市次干道
城市支路
地下车库入口

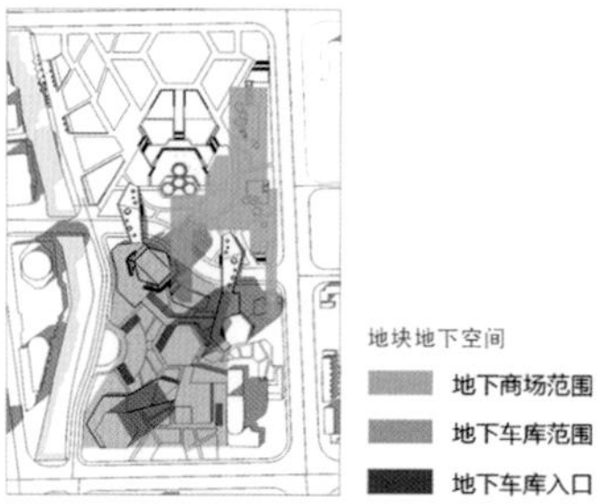
地块地下空间
地下商场范围
地下车库范围
地下车库入口

机械停车方案

设计采用机械式停车方案，争取在最小的空间内停放最多的车辆，解决停车难的问题。

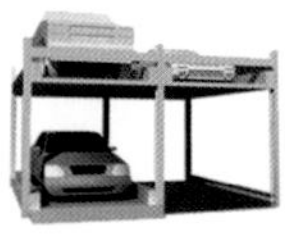

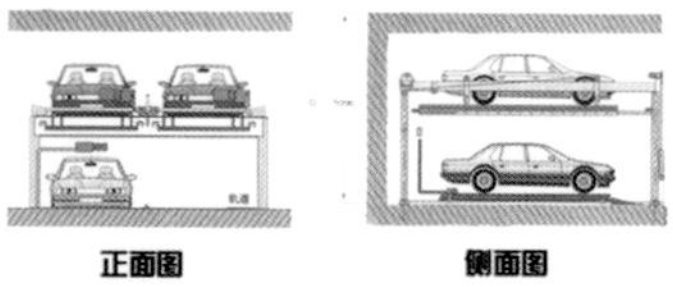
正面图
侧面图

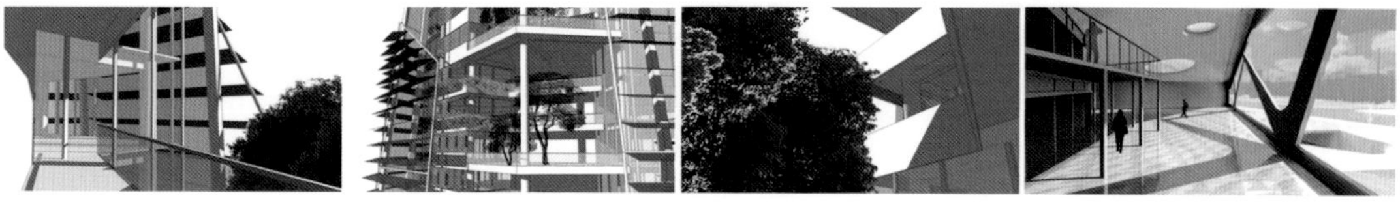

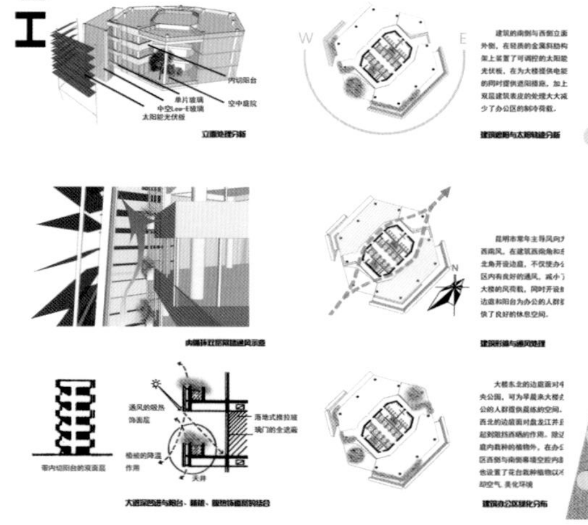

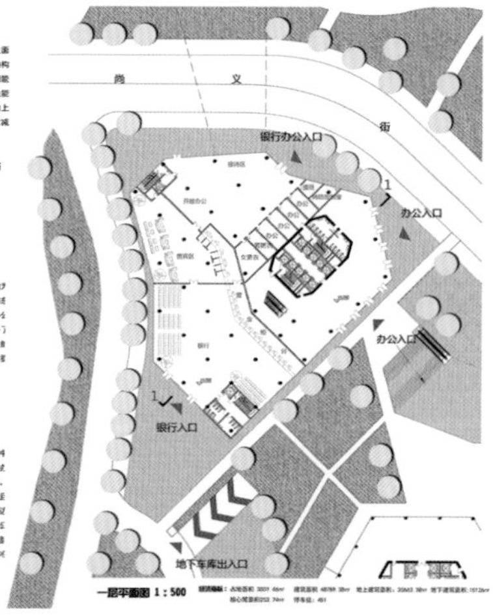
银行办公入口
办公入口
银行入口
地下车库出入口
一层平面图 1:500

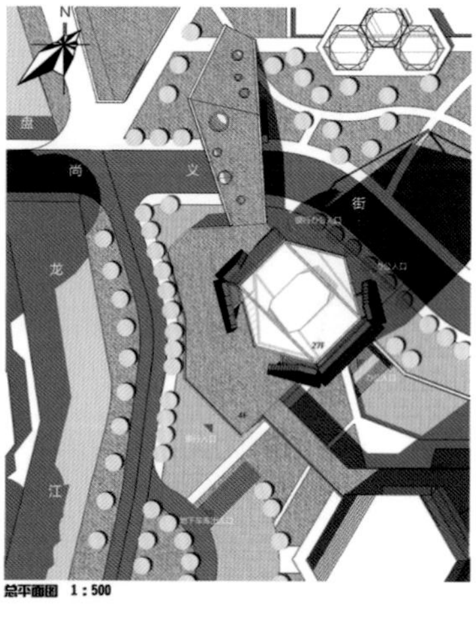
尚
文
街
龙
江
总平面图 1:500

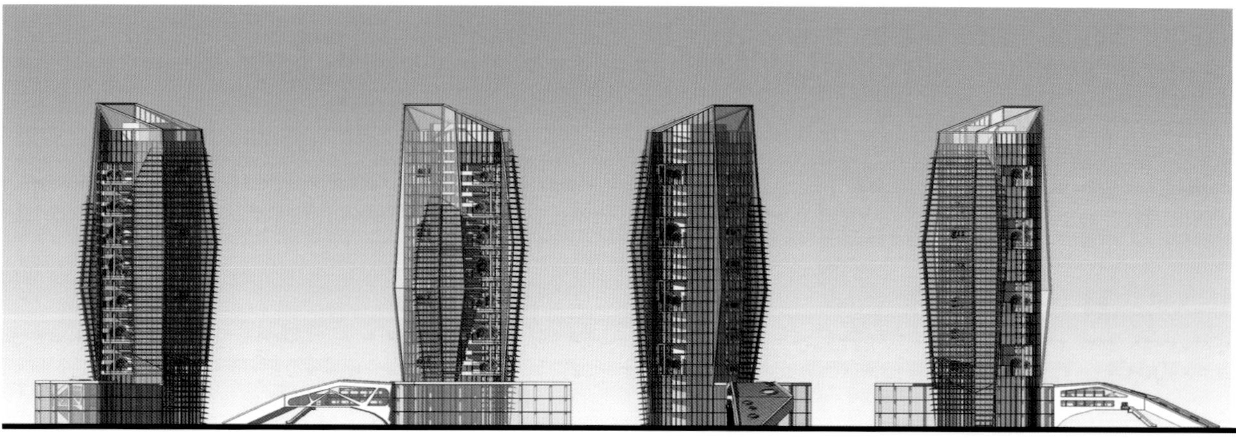

高层办公楼设计　　李金哲

建筑与城市规划学院

聆听

HIGH-RISE OFFICE DESIGN

CARREFOUR CHINA

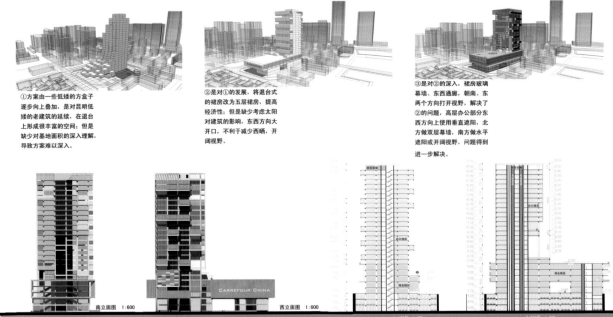

①方案由一些低矮的方盒子逐步向上叠加，是对昆明低矮的老建筑的延续，在退台上形成很丰富的空间；但是缺少对基地面积的深入理解，导致方案难以深入。

②是对①的发展，将退台式的裙房改为五层裙房，提高经济性；但是缺少考虑太阳对建筑的影响，东西方向大开口，不利于减少西晒，开阔视野。

③是对②的深入，裙房玻璃幕墙、东西通廊，朝南、东两个方向打开视野，解决了②的问题，高层办公部分东西方向上使用垂直遮阳，北方做双层幕墙，南方做水平遮阳或开阔视野，问题得到进一步解决。

南立面图 1：600　　　　　西立面图 1：600　　　　　A-A剖面 1：400　　　　　B-B剖面 1：400

聆听　HIGN-RISE OFFICE DESIGN　　　　高祖鹏

聆听-LING TING

HIGH-RISE OFFICE DESIGN

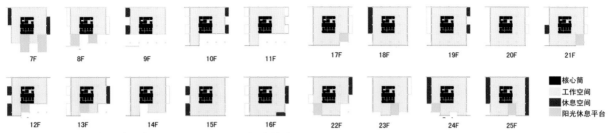

| 7F | 8F | 9F | 10F | 11F | | 17F | 18F | 19F | 20F | 21F |

| 12F | 13F | 14F | 15F | 16F | | 22F | 23F | 24F | 25F |

■ 核心筒
□ 工作空间
■ 休息空间
□ 阳光休息平台

建筑高层办公部分因体型的变化形成了许多凹凸、开敞空间，再加上昆明南向采光条件好，靠南面的凹凸空间被用作阳关休息平台，而靠东西侧的凸空间被用作室内休息区。

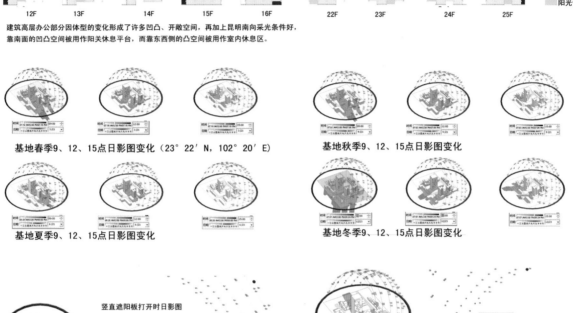

基地春季9、12、15点日影图变化（23°22′N，102°20′E）

基地秋季9、12、15点日影图变化

基地夏季9、12、15点日影图变化

基地冬季9、12、15点日影图变化

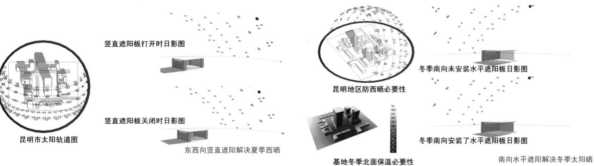

昆明市太阳轨道图

竖直遮阳板打开时日影图

竖直遮阳板关闭时日影图

东西向竖直遮阳解决夏季西晒

昆明地区防西晒必要性

基地冬季北面保温必要性

冬季南向未安装水平遮阳板日影图

冬季南向安装了水平遮阳板日影图

南向水平遮阳解决冬季太阳晒

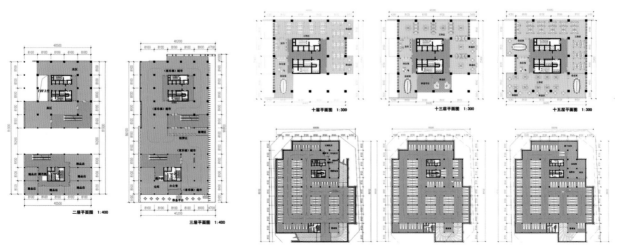

二层平面图 1:400

三层平面图 1:400

十层平面图 1:300

十三层平面图 1:300

十五层平面图 1:300

聆听　HIGN-RISE OFFICE DESIGN　高祖鹏

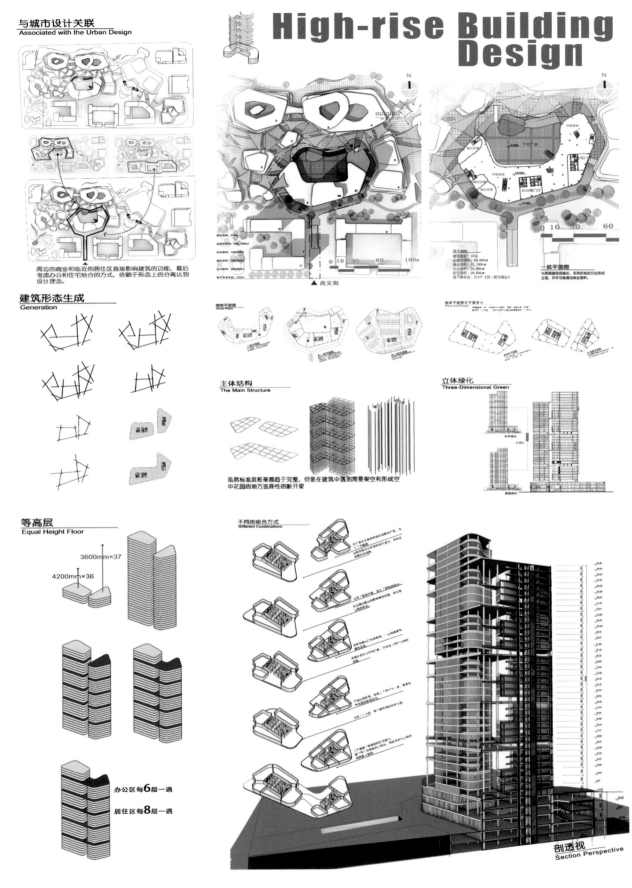

High-rise Building Design

与城市设计关联
Associated with the Urban Design

建筑形态生成
Generation

等高层
Equal Height Floor

主体结构
The Main Structure

立体绿化
Three-Dimensional Green

不同的组合方式
Different Combinations

剖透视
Section Perspective

HIGH-RISE BUILDING DESIGN　　翟星玥

MULTIPLI OFFICE

————————办公建筑设计

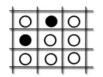

白天：办公建筑照明往往只有一些黑房间使用灯光。

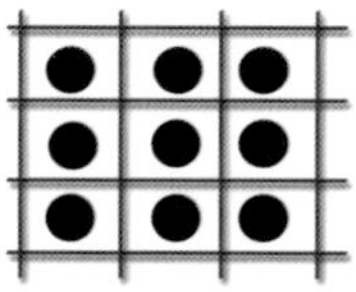

傍晚：由于天色变暗，办公建筑中全部的灯光打开，但往往采用相同的灯光规格，浪费资源。

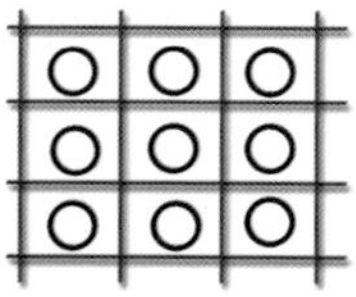

夜晚：由于功能安排在晚上办公建筑中没有人员活动，建筑中没有灯光，城市夜景效果缺乏。

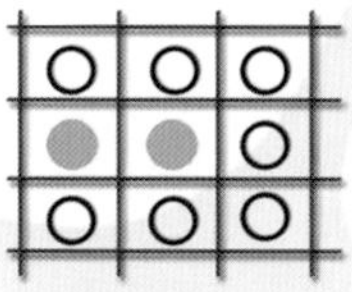

白天：建筑采用外置太阳能收集利用太阳能的减少对能源的消耗

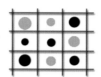

傍晚：天色变暗建筑利用白天收集的太阳能补充灯光能源，根据空间需求设定灯光耗能。

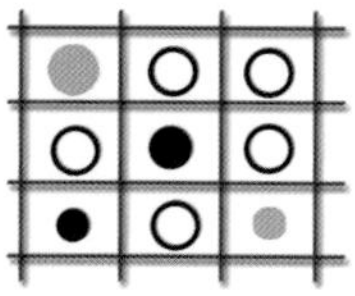

夜晚：由于在办公建筑中设置了一些公共性比较强的功能空间，使得建筑在夜晚具有良好的灯景，丰富城市夜景。

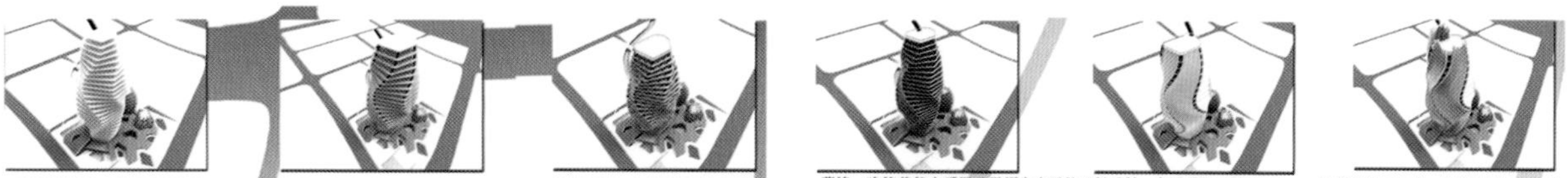

不�旋转楼板，楼板由钢桁架结构与混凝土制成，楼板楼板为为一体，取代了梁和楼板分离的方式。这种一体化的楼面空间感觉更加舒适，建筑相关设备管线处理方便，结构性能也比较好。

支撑外表皮网架结构的主要的类似与柱子的构造，它与楼板相连并与交叉网架结构相连起到主要的稳定作用。它是由钢桶内设钢筋并浇混凝土浇灌制成。

外部网架结构，与主要的手里构间性连接，起到抗震作用。杆件之间采用的是纯铰接体系并形成空间梁柱体系。

幕墙，建筑节能上采用世界领先水平的"低反射、高透明"双银LOW-E玻璃，比普通玻璃低隔热效率高，减少空调消耗，反射率低，较普通镜面玻璃反射较少40%，减少对周边建筑的反射污染

建筑的第二层皮，根据太阳辐射量设置的竖向太阳能集热板收集太阳能，并有遮挡过剩太阳光紫外线的作用。

  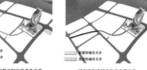   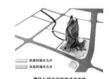

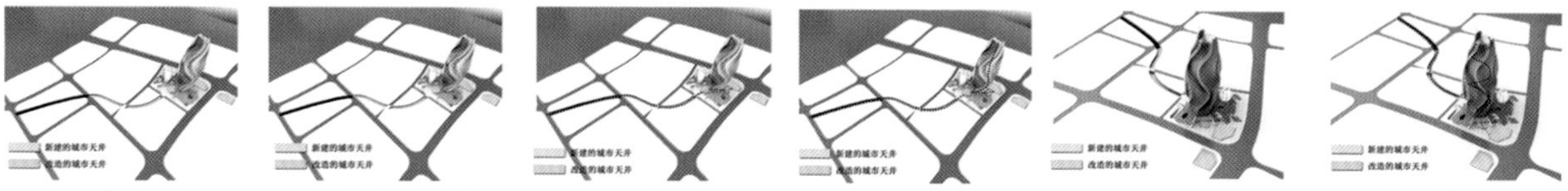

地块中与城市体系统一的城市天井

地块中原有的下沉广场改为天井

城市花街穿越地块并串联天井

楼体与城市花街的垂直连接

地块中与城市体系统一的城市天井

楼体与城市花街的垂直连接

建筑形体生成

   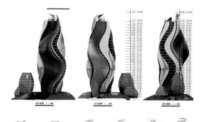

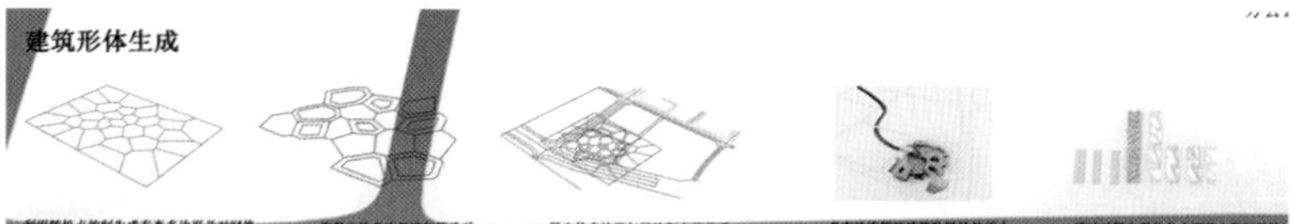

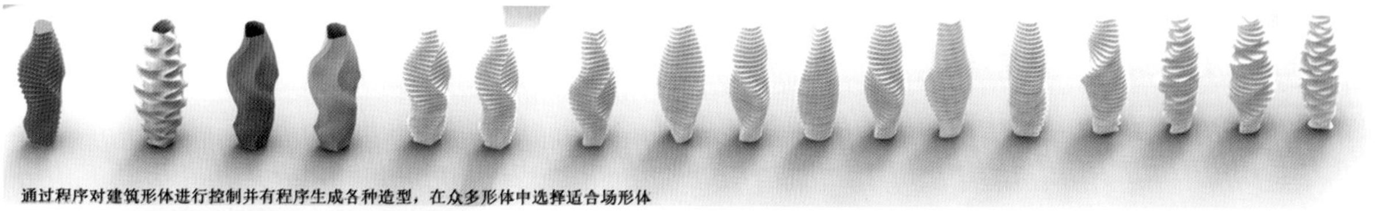

利用随机点的形成生成最基本边形对网格，把权比例轻分异控制曲线随机生成的点进行细胞。由此给出各随机数来并易于后易的多边形。直延向下一步的处理。

然后给出的多边形进行带动，根据场地情况选择控制性为单体的设计平面的多边形。并对其偏好。

得出的多边与场地契合的关系。根据后接线行进行调整。

考虑城市玻璃周边建筑联隔遮阳压力将整形与场地的集合起来规划到相间的形体。

通过对得出的形体各个部的太阳辐射和过程数的造型。

通过程序对建筑形体进行控制并有程序生成各种造型，在众多形体中选择适合场形体

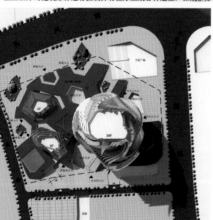

总平面图 1：500

MULTIPLI OFFCIE   办公建筑设计   王 飞

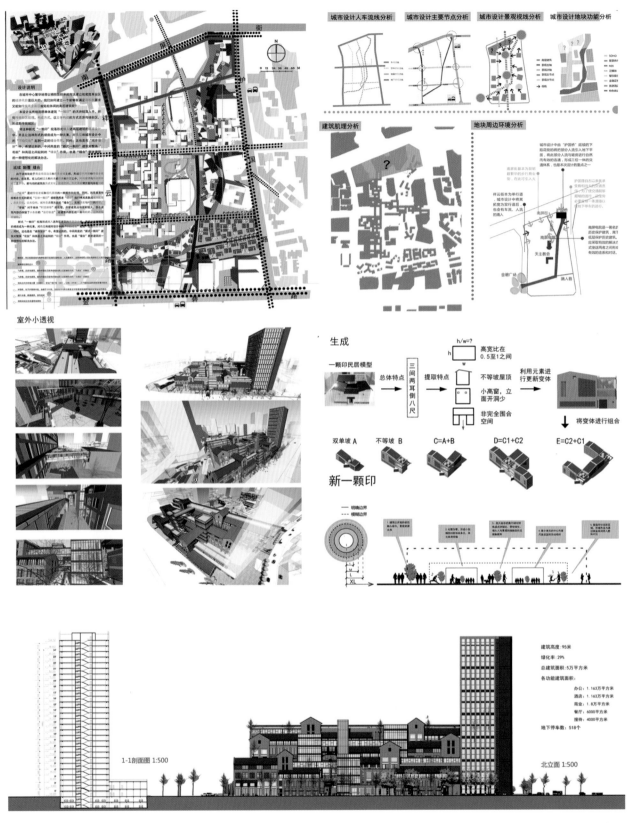

井院街城---延续、穿越与缝合
高层商业综合体设计

城市设计人车流线分析　城市设计主要节点分析　城市设计景观视线分析　城市设计地块功能分析

建筑肌理分析

地块周边环境分析

室外小透视

生成

一颗印民居模型　总体特点　三间两耳倒八尺　提取特点　不等坡屋顶　小高窗、立面开洞少　非完全围合空间　利用元素进行更新变体　将变体进行组合

双单坡 A　不等坡 B　C=A+B　D=C1+C2　E=C2+C1

新一颗印

1-1剖面图 1:500

北立面 1:500

建筑高度：95米
绿化率：29%
总建筑面积：5万平方米
各功能建筑面积：
　办公：1.163万平方米
　酒店：1.163万平方米
　商业：1.8万平方米
　餐厅：6000平方米
　楼梯：4000平方米
　地下停车数：518个

井院街城　高层商业综合体　　　安 蕾

建筑与城市规划学院

井院街城---延续、穿越与缝合
高层商业综合体设计

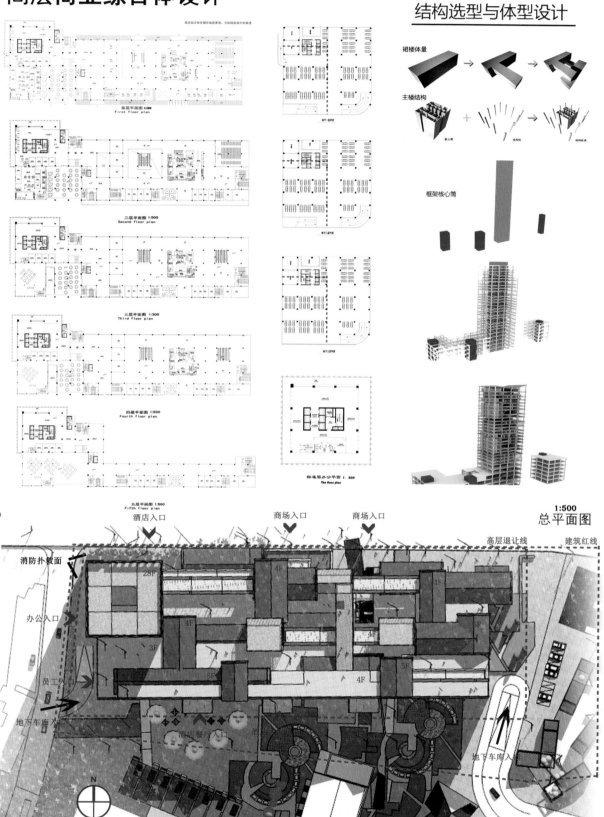

高层综合体在城市地段景观、天际线组成中的高度

首层平面图 1:300
First floor plan

二层平面图 1:500
Second floor plan

三层平面图 1:300
Third floor plan

四层平面图 1:500
Fourth floor plan

五层平面图 1:500
Fifth floor plan

地下一层平面图

地下二层平面图

地下三层平面图

标准层办公平面图 1:300
The floor plan

结构选型与体型设计

裙楼体量

主楼结构

核心筒   结构柱   结构组成

框架核心筒

1:500
总平面图

酒店入口   商场入口   商场入口

高层退让线   建筑红线

消防扑救面

办公入口

员工入口

地下车库入口

酒店餐厅入口

地下车库入口

28F   4F   4F   5F

4F   4F   5F

3F

5F   4F

N

井院街城   高层商业综合体   安 蕾

METROPOLIS RHYTHM

time & place

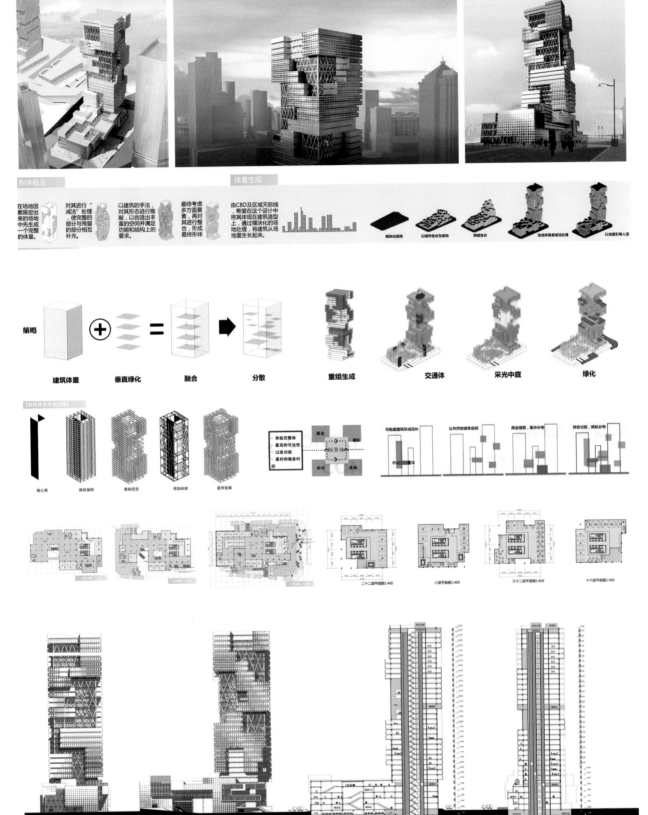

MOTROPOLIS RHYHM   何林隆

对话 红土

THEATER DESIGN

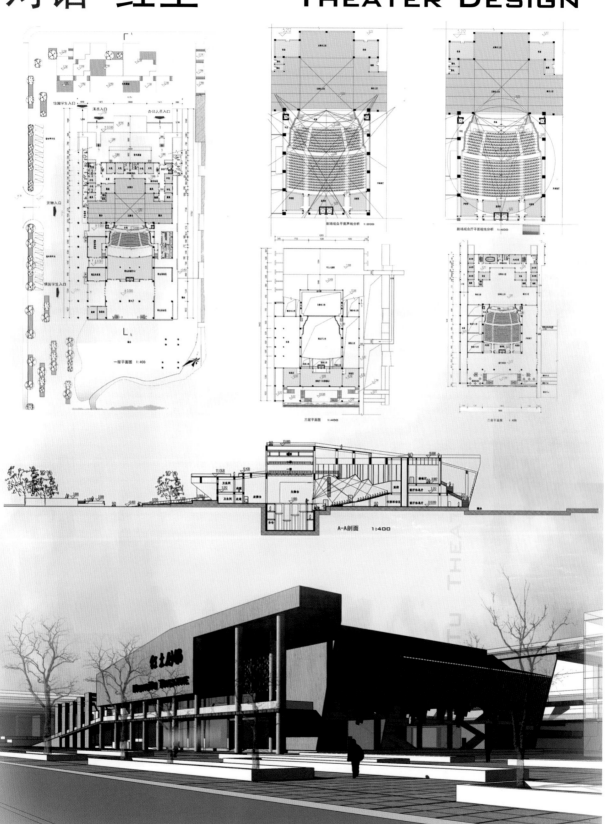

对话 红土　HongTu Theater Design　高祖鹏

对话 红土　THEATER DESIGN

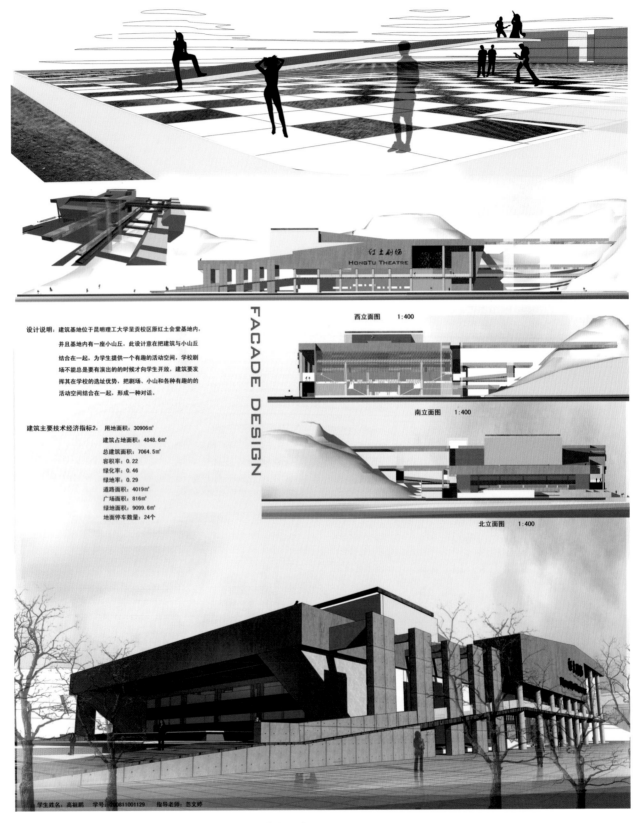

设计说明：建筑基地位于昆明理工大学呈贡校区原红土会堂基地内，并且基地内有一座小山丘，此设计意在把建筑与小山丘结合在一起，为学生提供一个有趣的活动空间，学校剧场不能总是要有演出的的时候才向学生开放，建筑要发挥其在学校的选址优势，把剧场、小山和各种有趣的的活动空间结合在一起，形成一种对话。

建筑主要技术经济指标2：用地面积：30906㎡
建筑占地面积：4848.6㎡
总建筑面积：7064.5㎡
容积率：0.22
绿化率：0.46
绿地率：0.29
道路面积：4019㎡
广场面积：816㎡
绿地面积：9099.6㎡
地面停车数量：24个

FACADE DESIGN

西立面图　1:400

南立面图　1:400

北立面图　1:400

学生姓名：高祖鹏　学号：200811001129　指导老师：忽文婷

对话 红土　HongTu Theater Design　　高祖鹏

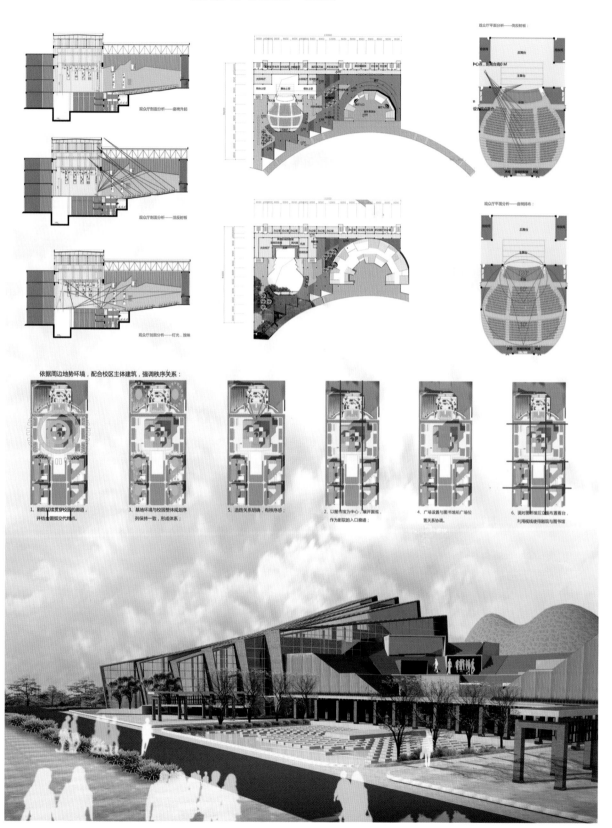

昆明理工大学学生剧院设计 **秩序**
design of students theater

秩序　昆明理工大学剧院设计　　蒋　南

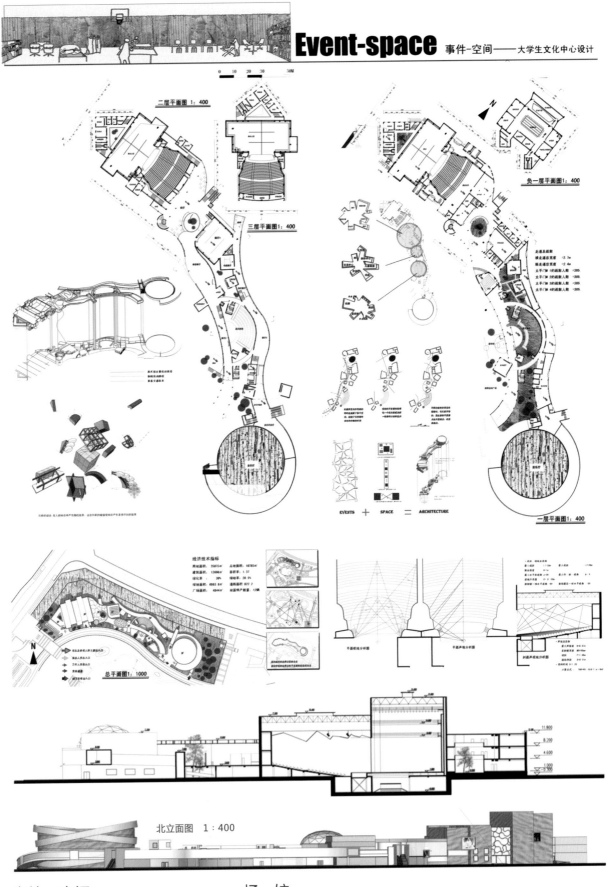

Event-space 事件-空间——大学生文化中心设计

二层平面图 1：400

三层平面图 1：400

负一层平面图 1：400

一层平面图 1：400

EVENTS ＋ SPACE ＝ ARCHITECTURE

总平面图 1：1000

经济技术指标

北立面图　1：400

事件——空间　大学生文化中心设计　　　杨 姣

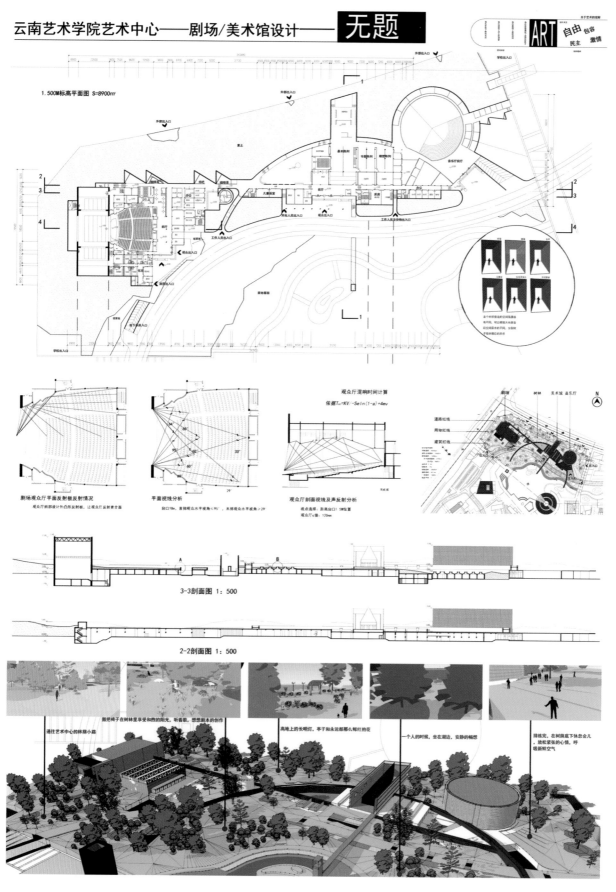

云南艺术学院艺术中心——剧场/美术馆设计—— 无题

1.500M标高平面图 S=8900㎡

观众厅混响时间计算
依据 $T_{60}=KV/-Seln(1-a)+4mv$

剧场观众厅平面反射板反射情况

平面视线分析

观众厅剖面视线及声反射分析

3-3剖面图 1:500

2-2剖面图 1:500

无题　云南艺术学院艺术中心设计　　印实博

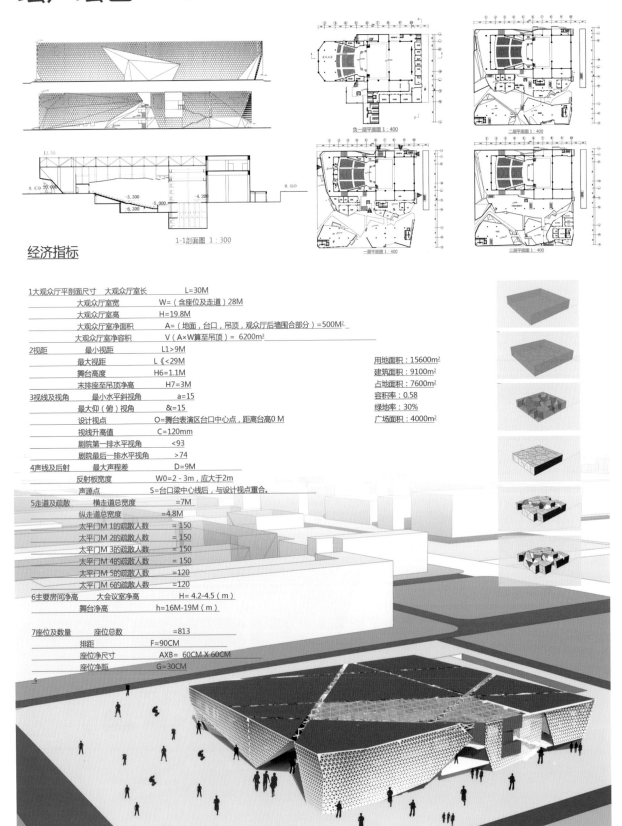

绘声绘色　昆明理工大学剧场设计

负一层平面图 1：400

二层平面图 1：400

1-1剖面图 1：300

一层平面图 1：400

三层平面图 1：400

经济指标

1 大观众厅平剖面尺寸	大观众厅室长	L＝30M
	大观众厅室宽	W＝（含座位及走道）28M
	大观众厅室高	H＝19.8M
	大观众厅室净面积	A＝（地面，台口，吊顶，观众厅后墙围合部分）＝500M²
	大观众厅室净容积	V（A×W算至吊顶）＝6200m³
2 视距	最小视距	L1＞9M
	最大视距	L《＜29M
	舞台高度	H6＝1.1M
	末排座至吊顶净高	H7＝3M
3 视线及视角	最小水平斜视角	a＝15
	最大仰（俯）视角	＆＝15
	设计视点	O＝舞台表演区台口中心点，距离台高0 M
	视线升高值	C＝120mm
	剧院第一排水平视角	＜93
	剧院最后一排水平视角	＞74
4 声线及后射	最大声程差	D＝9M
	反射板宽度	W0＝2-3m，应大于2m
	声源点	S＝台口梁中心线后，与设计视点重合.
5 走道及疏散	横走道总宽度	＝7M
	纵走道总宽度	＝4.8M
	太平门M 1的疏散人数	＝150
	太平门M 2的疏散人数	＝150
	太平门M 3的疏散人数	＝150
	太平门M 4的疏散人数	＝150
	太平门M 5的疏散人数	＝120
	太平门M 6的疏散人数	＝120
6 主要房间净高	大会议室净高	H＝4.2-4.5（m）
	舞台净高	h＝16M-19M（m）
7 座位及数量	座位总数	＝813
	排距	F＝90CM
	座位净尺寸	A×B＝60CM X 60CM
	座位净距	G＝30CM

用地面积：15600m²
建筑面积：9100m²
占地面积：7600m²
容积率：0.58
绿地率：30%
广场面积：4000m²

绘声绘色　昆明理工大学剧场设计　　　赵中雨

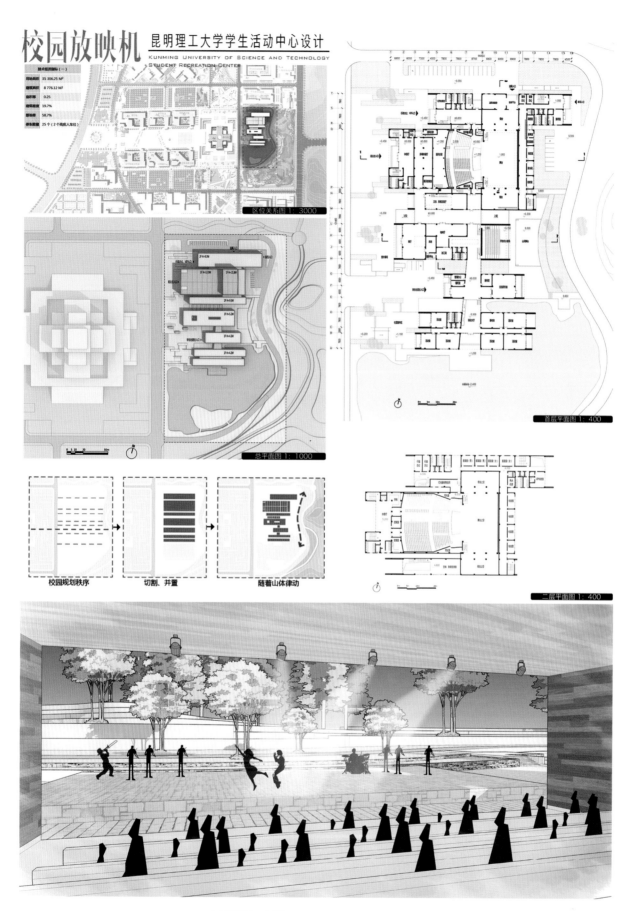

校园放映机

昆明理工大学学生活动中心设计
KUNMING UNIVERSITY OF SCIENCE AND TECHNOLOGY
STUDENT RECREATION CENTER

区位关系图 1:3000

总平面图 1:1000

首层平面图 1:400

二层平面图 1:400

校园规划秩序 → 切割、并置 → 随着山体律动

校园放映机　昆明理工大学学生活动中心设计　　匡私衡

校园放映机

昆明理工大学学生活动中心设计
KUNMING UNIVERSITY OF SCIENCE AND TECHNOLOGY
STUDENT RECREATION CENTER

观众厅声视线设计

1-1 剖面图 1：400

2-2 剖面图 1：400

3-3 剖面图 1：400

放映方式一：透

通过体量之间的间隙让基地东边的景观渗透到校园主干道，同时形成视觉引导，激活东边临山的开放式小剧场和活动空间。

放映方式一：框

条形体量的端部凹入形成半室外活动空间，同时形成景框，将外部的校园景观引入室内。

放映方式一：映

凹入的界面使用玻璃幕墙形成镜面反射，将图书馆及周边的山丘梨园映入其中。

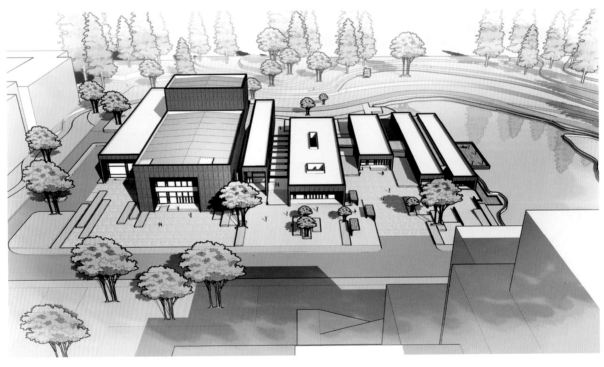

校园放映机　　昆明理工大学学生活动中心设计　　　匡私衡

WATER-DROP HANGED ON SPAN WIRE

Rigid and flexible structure combines large span space design

盈索之境，以动制动

刚性与柔性结构相结合的大跨度空间设计

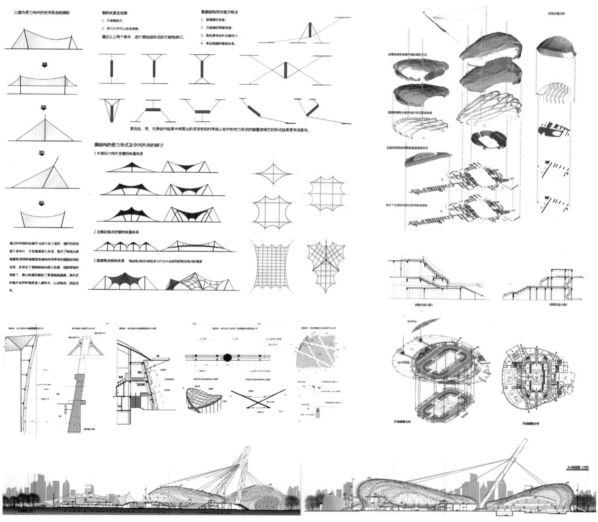

盈索之境 以动制动　　常 影 桑蓉琪 王润义

WATER-DROP HANGED ON SPAN WIRE

Rigid and flexible structure combines large span space design

盈索之境，以动制动
刚性与柔性结构相结合的大跨度空间设计

理念生成

体育馆、游泳馆功能及公共平台流线分析

球迷俱乐部流线分析

Rigid and flexible structure combines large-span space design

盈索之境 以动制动   常 影 桑蓉琪 王润义

一层平面图 1:500

二层平面图 1:500

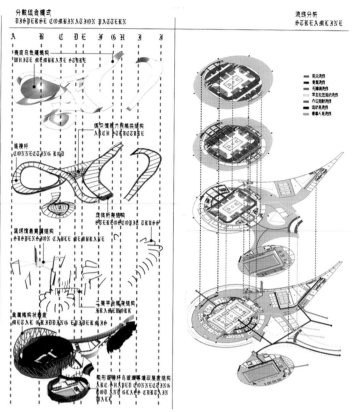

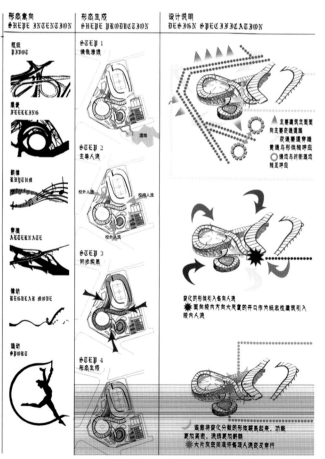

脉动　安蕾董珏邓俊

更新·轴线轨道·preservation and renewal

扎兰屯·中东建筑文化遗产体验馆设计

建筑与城市规划学院

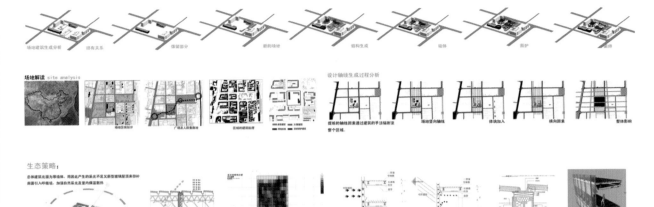

场地解读 site analysis

设计轴线生成过程分析

生态策略：

建筑新旧空间策略 space idea

策略：
新旧建筑之间的关系。新旧建筑的有机统一，保持时代性，用现代的手法表现旧有的场所精神。
1. 对于旧有建筑的保护，尽量保证其完整性，局部通过与现代建筑的结合进行改变。
2. 新旧的对比上下下形成趣味空间，让人能够感到时间的变化。
3. 基于结合现有建筑的前提下，尽量少破坏的加建新的部分

错层

新旧空间结合

中庭

间隔

新结构与旧建筑关系

连廊

旧建筑立面改造

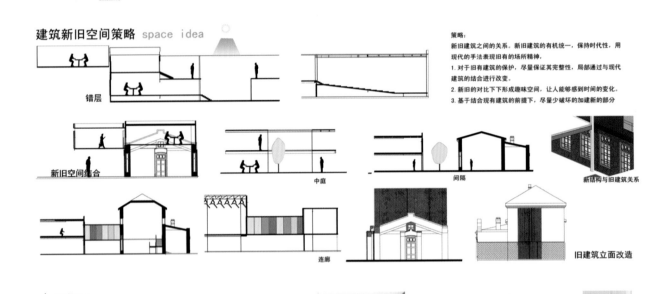

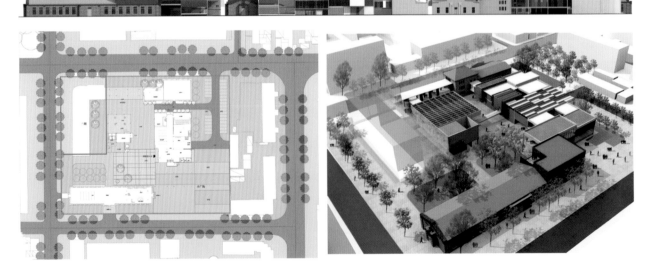

更新·轴线轨道 中东建筑文化遗产体验馆设计 蒋 涛 岳 玄

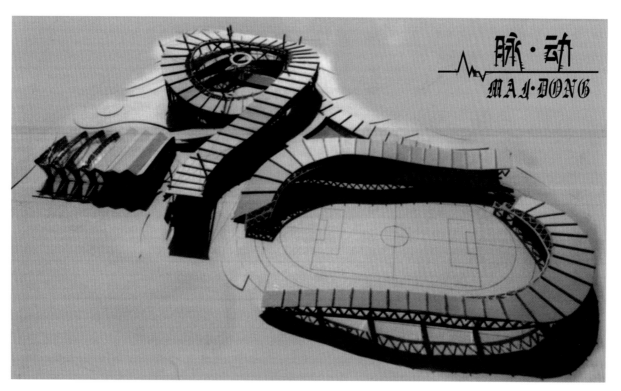

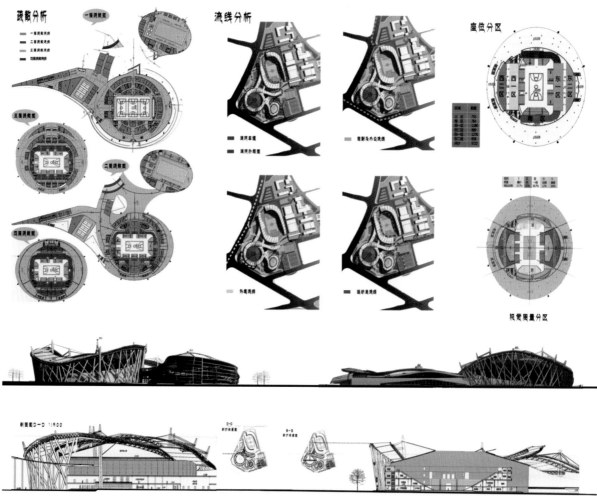

脉动　　安蕾董珏邓俊

风·雨·同·调

风雨同调　　　孙可安　陈国吉　宋大娇　马玲燕

风·雨·同·调

GRAPHIC INFORMATION CENTER DESIGN | GREEN REGENERATION | Revit 2011

方案构思 (Design)

功能肌理 (Function Texture)

东立面 (East Facade) 1:300

西立面 (West Facade) 1:300

风雨同调　　孙可安　陈国吉　宋大娇　马玲燕

悬浮的院落
SUSPENDING COURTYARD
文化综合体设计

建筑意向生成
INTENTION OF BUILDING

概念生成
CONCEPT

院落形式研究
STUDY OF COURTYARD FORM

庭院空间剖面分析
ANALYSIS OF COURTYARD SPACE SECTION

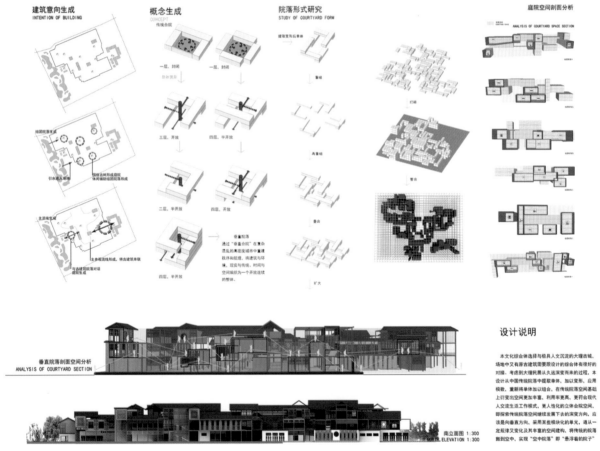

垂直院落剖面空间分析
ANALYSIS OF COURTYARD SECTION

南立面图 1:300
NORTH ELEVATION 1:300

设计说明

本文化综合体选择与极具人文沉淀的大理古城，场地中又有座古建筑需要图设计的综合体有很好的对接。考虑到大理院展从久远演变而来的过程。本设计从中国传统院落中提取单体，加以变形，应用模数，重新将单体加以组合，在传统院落空间基础上行变出空间更加丰富，利用率更高，更符合现代人交流生活工作模式，更人性化的立体合院空间。即探索传统院落空间继续发展下去的演变方向，应该是向垂直方向，采用某些模块化的单元，通过一定规律又变化及其丰富的空间构，将传统的院落搬到空中，实现"空中院落"即"悬浮着的院子"

悬浮的院落   文化综合体设计   贾　竞　孙可安

悬浮的院落
SUSPENDING COURTYARD

文化综合体设计

不同需求的人群在这里找到属于他们自己的天地
DIFFERENT OGROUP OF PEOPLE IN DIFFERENT NEEDS WILL FIND SOME SPACE SUIT THEMSELEVES.

专业学者参加学术活动
SOECIALISTS AND SCHOLAR

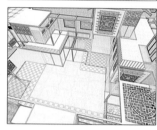

主参观流线周围相邻的部分组院落
PART OF GROUP COURTYARD

主流线某亚参观连续平面1:300
CONTINUOUS PLAN OF MAIN CIRCULATION EXHIBITION 1:300

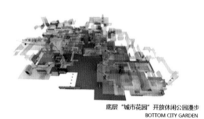

住宿客人入住
HOTEL AND THEATRE GUESTS

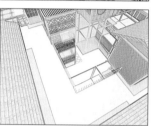

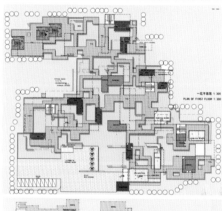

一层平面图 1:300
PLAN OF FIRST FLOOR 1:300

底层"城市花园"开放休闲公园漫步
BOTTOM CITY GARDEN

看书读者进入书吧
LIBRARY GUESTS

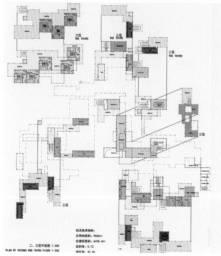

二、三层平面图1:300
PLAN OF SECOND AND THIRD FLOOR 1:300

建筑主流线中贯穿的古建筑
OLD BUILIDINGS INSIDE THE SITE

垂直交通体系
VERTICAL TRANSPORTATION SYSTEM

视线通透和曲折性
TRANSPRENCY OF SIGHT

悬浮的院落　文化综合体设计　　贾 竞 孙可安

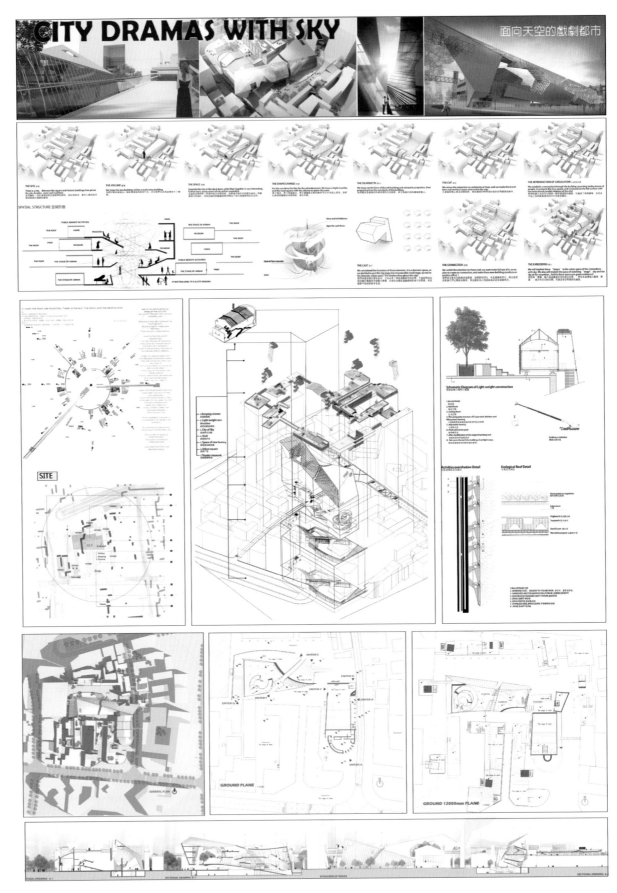

面向天空的戏剧都市　CITY DRAMAS WITH SKY　郭骏超

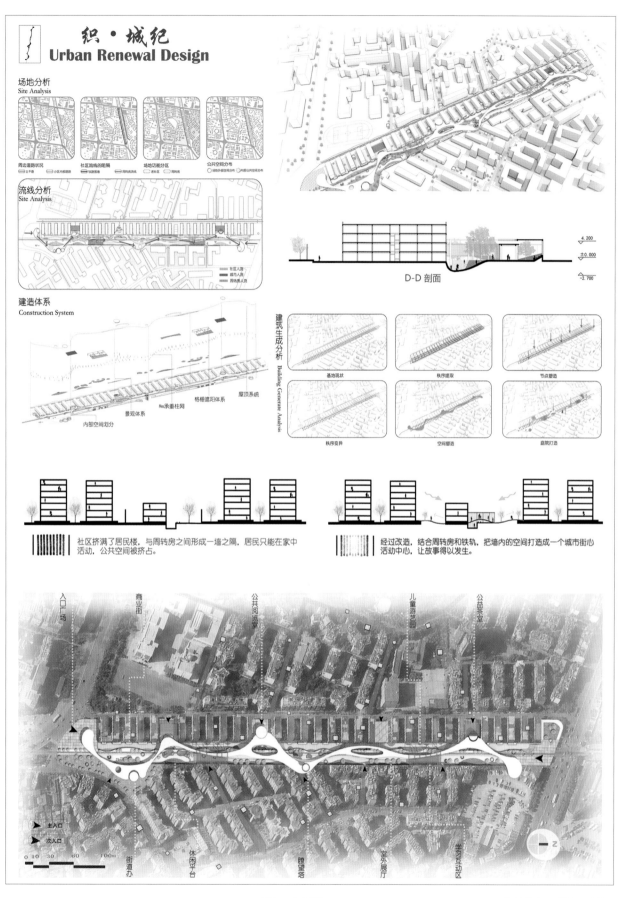

织·城纪
Urban Renewal Design

场地分析
Site Analysis

流线分析
Site Analysis

建造体系
Construction System

建筑生成分析
Building Generate Analysis

D-D 剖面

社区挤满了居民楼，与周转房之间形成一墙之隔，居民只能在家中活动，公共空间被挤占。

经过改造，结合周转房和铁轨，把墙内的空间打造成一个城市街心活动中心，让故事得以发生。

织·城纪　Urban Renewal Design　　应元波　张　尚

在云端的村寨
—— 云南普洱惠民乡景迈大寨保护与更新设计

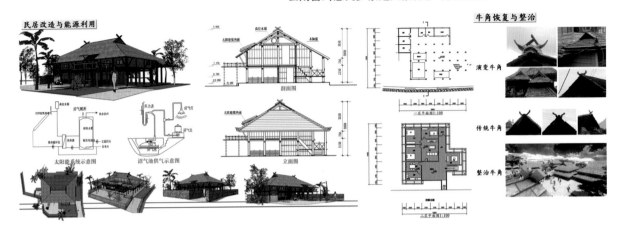

民居改造与能源利用

太阳能系统示意图 沼气池供气示意图

剖面图

立面图

牛角恢复与整治

演变牛角

传统牛角

整治牛角

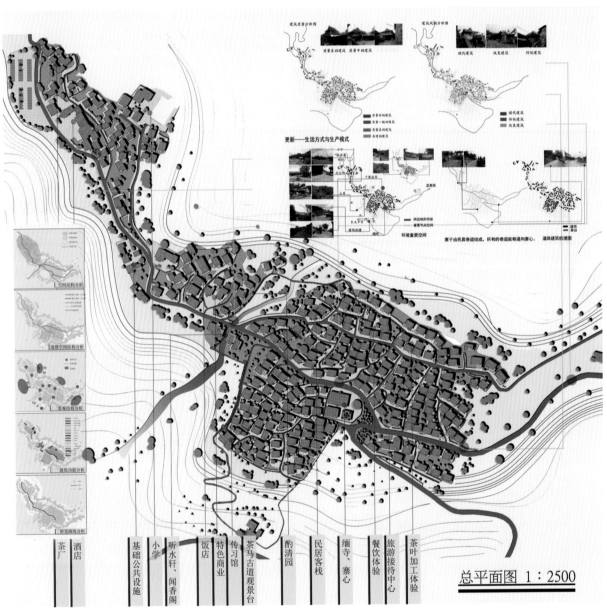

总平面图 1:2500

茶厂
酒店
基础公共设施
小学
听水轩、闻香阁
饭店
特色商业
传习馆
茶马古道观景台
酌清园
民居客栈
缅寺、寨心
餐饮体验
旅游接待中心
茶叶加工体验

在云端的村寨　云南普洱惠民乡景迈大寨保护与更新设计　王 飞 孙 泽 田 申

建筑与城市规划学院

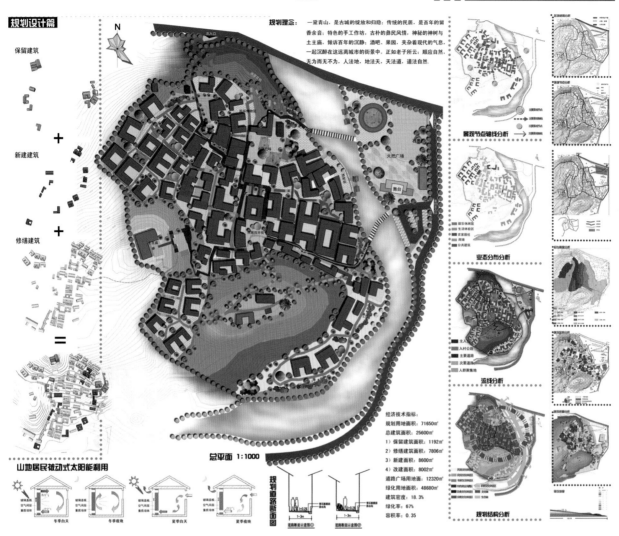

规划设计篇

保留建筑

新建建筑

修缮建筑

山地居民被动式太阳能利用

冬季白天　冬季夜晚　夏季白天　夏季夜晚

规划理念： 一览青山，是古城的绽放和归隐；传统的民居，是百年的留香余音；特色的手工作坊，古朴的彝民风情，神秘的神树与土主庙，倾诉百年的沉静。酒吧、果园，夹杂着现代的气息，一起沉醉在这远离城市的街景中。正如老子所云：顺应自然，无为而无不为，人法地，地法天，天法道，道法自然。

总平面 1:1000

规划道路断面图

道路断面示意图①　道路断面示意图②

经济技术指标：
规划用地面积：71650㎡
总建筑面积：25600㎡
1）保留建筑面积：1192㎡
2）修缮建筑面积：7806㎡
3）新建面积：8600㎡
4）改建面积：8002㎡
道路广场用地面积：12320㎡
绿化用地面积：48680㎡
建筑密度：18.3%
绿化率：67%
容积率：0.35

景观节点轴线分析

业态分布分析

流线分析

规划结构分析

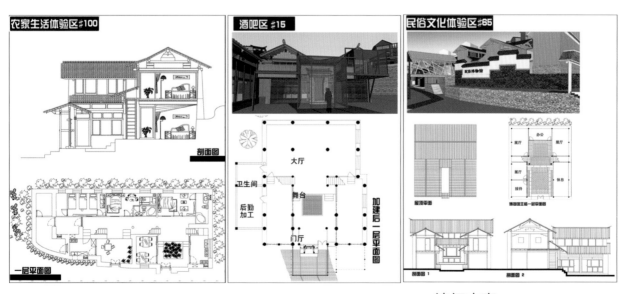

农家生活体验区#100

剖面图

一层平面图

酒吧区#15

大厅

卫生间

后勤加工

舞台

门厅

加建后一层平面图

民俗文化体验区#65

屋顶平面

博物馆王姓一层平面图

剖面图1　剖面图2

追忆本真　时间的回忆 空间的重生

建筑与城市规划学院

"晶彩"盐村

村落保护与更新设计 —— 云南·大理·诺邓

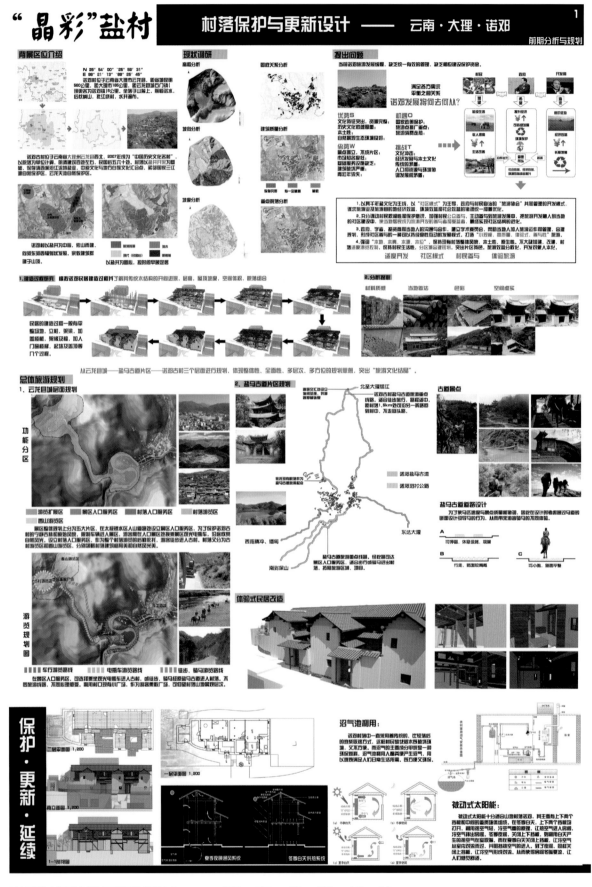

诺邓村保护发展规划设计　　穆童赵阳郭峥

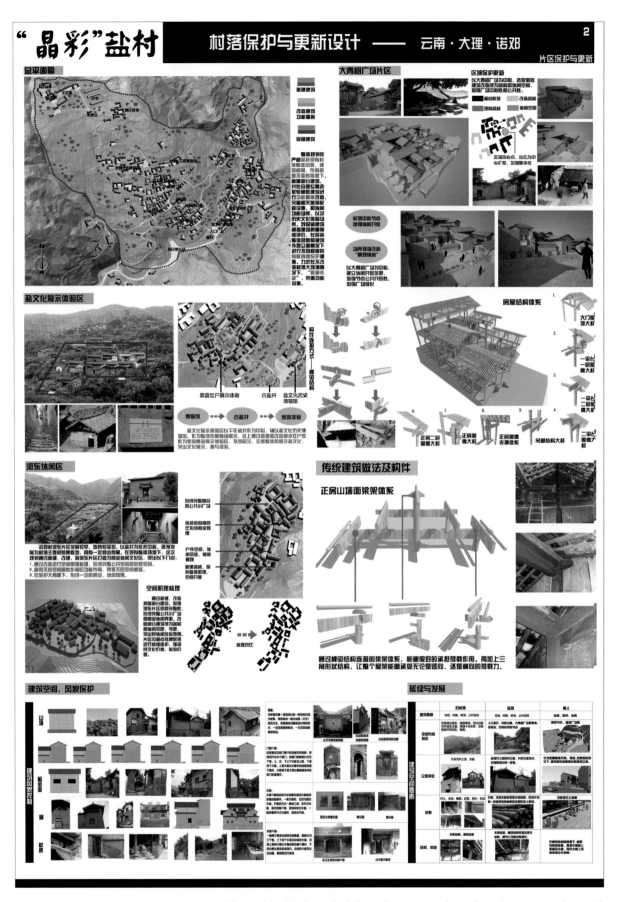

"晶彩"盐村

村落保护与更新设计 —— 云南·大理·诺邓
片区保护与更新

诺邓村保护发展规划设计　　穆童　赵阳　郭峥

城市变迁时间轴
Urban Change Timeline

1938
初建铁路时的景象

以铁路为线索的城市雏化阶段

1956
周边居民与铁路的关系

铁路的废弃，成为周围居民的集散地

1980
周转房的建立

铁路沿线被建成周转房，与周围居民共融

1995
基地现状

民房的逐渐被小区代替，工厂的搬迁，周转房的遗弃，形成了一墙之隔

2015

旧城区的建立，农民工入驻周转房，两边竖起了高高的围墙，被城市隔离

特色空间分析
Features Spatial Analysis

栅栏活动区

格栅遮阳区

树亭互动区

儿童游乐区

室外互动平台

瞭望塔

地下休憩区

室内学习区

周转房改造策略
Turnover Analysis

由于现有大多农民工大多都是以摆摊为生，为了改善他们的经济收入，在不破坏他们周转房基础下，对周围进行改造，搭建公共平台，嵌入商业业体的同时又对立重进行美化。同时活动中心为他们提供学习专业知识和就业岗位，让他们享有和城市人一样的生活权利。

保留部分
改造部分

周转房现状
局部进行改造

功能体的植入

小型书吧
奶茶店

公共平台搭建

咖啡吧
小型超市

外来务工人群商业居住及对外开放空间：对周转房进行商业空间的局部改造，结合地形高差围合出内聚形空间，创造出半私密的开放空间。

老人休闲娱乐空间：结合场地已存在的行道树，在节点处加入棋牌、休息设施和遮阳格栅，从而满足老年人娱乐交往、聚会的需求。

儿童游艺空间：利用地形原有高差，嵌入沙丘草地，让孩子的爱动的天性解放。同时，两侧的高差又可以保证孩子在父母的视线之内。

A-A 剖面

B-B 剖面

B-B 剖面

C-C 剖面

城纪

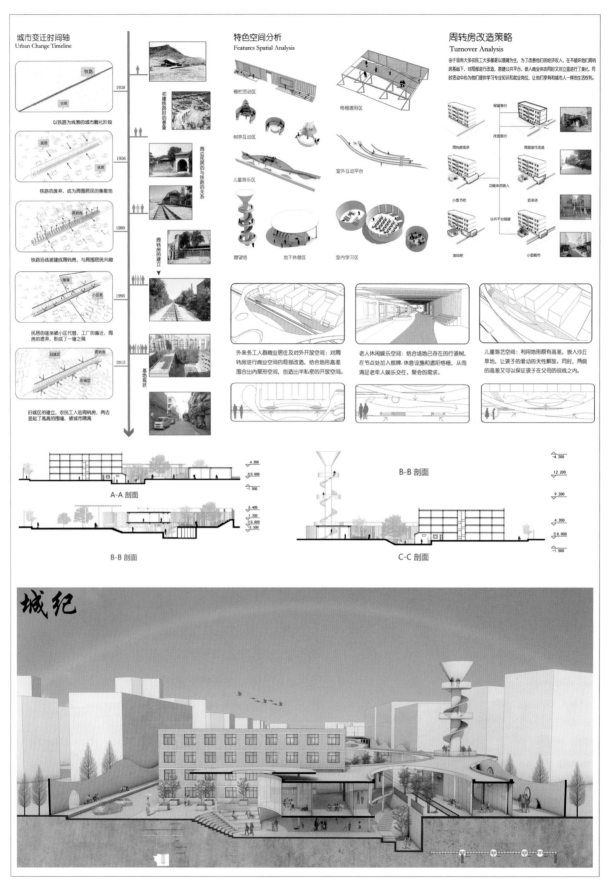

织·城纪　Urban Renewal Design　　应元波　张 尚

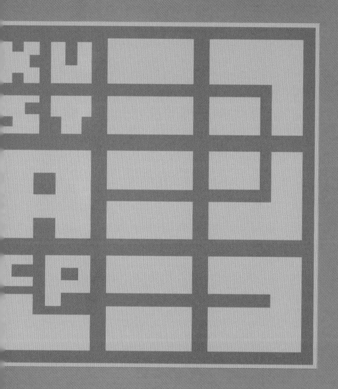

五年级毕业设计
Fifth Year Graduation Design

张欣雁　忽文婷　郭　伟　高　蕾　李莉萍
李　武　刘　启　刘　健　吕　彪　施　红
王　灿　吴志宏　韦庚男　肖　晶　徐　皓
杨大禹　杨　毅　张　婕　张志军　翟　辉

校院联合毕业设计相关设计公司：

泛亚建筑设计院有限公司
云南怡成建筑设计有限公司
基准方中建筑设计有限公司
昆明市设计院有限公司
云南省建工设计院
北京正东国际建筑工程设计有限公司昆明分公司
昆明理工大学设计研究院建筑
云南省设计院集团

会泽古城康乾酒店商业区规划设计

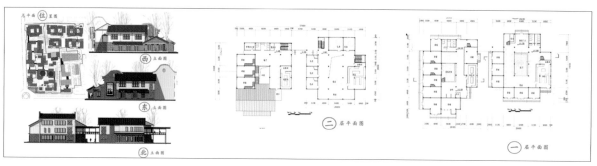

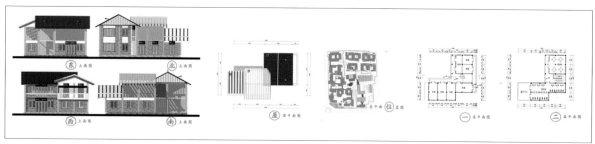

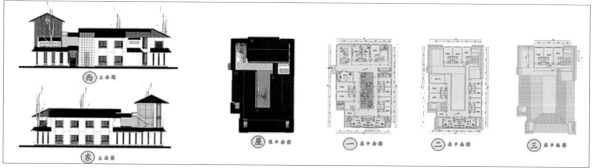

会泽古城康乾酒店商业区规划设计

昆明市西市区城市综合体设计
——城市综合体中青年公寓的探析应用

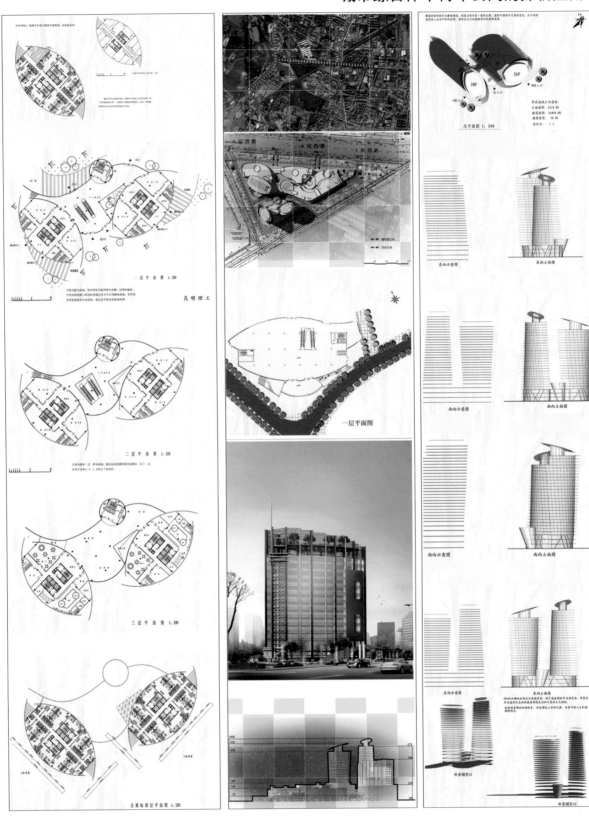

昆明市西市区城市综合体设计

欣都龙城二期规划概念设计

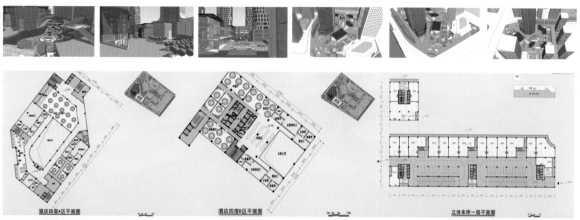

酒店四层A区平面图　　　　　酒店四层B区平面图　　　　　立体车库一层平面图

欣都龙城二期规划概念设计

云南艺术学院戏剧学院设计

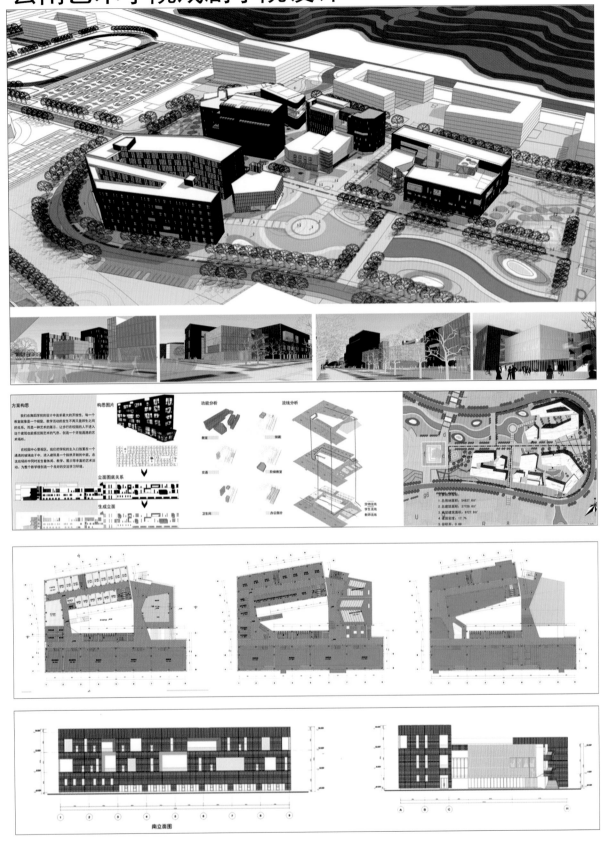

云南艺术学院戏剧学院设计

丽江束河红山村旅游发展规划

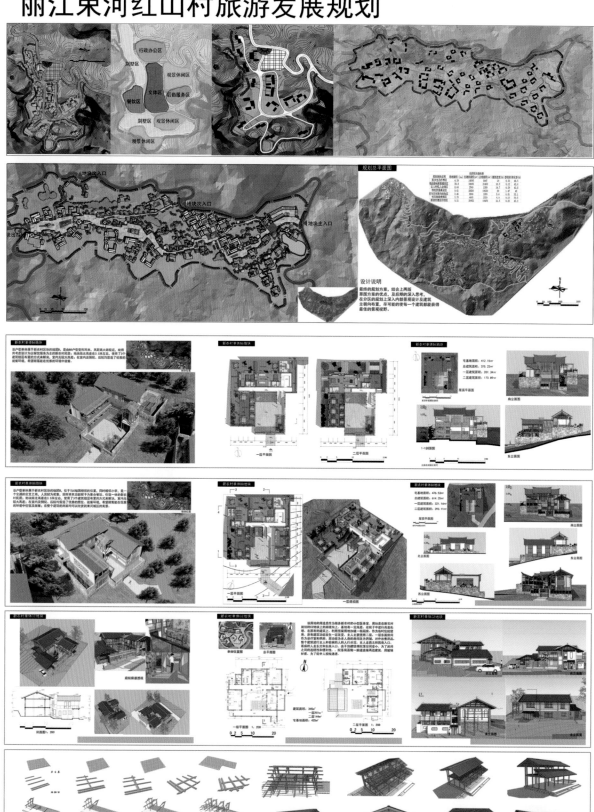

丽江束河红山村旅游发展规划　　田　芳　孟妍君　金　鹏　等

曲靖市麒麟西路核心地块设计

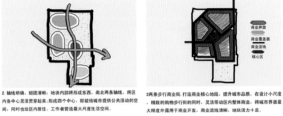
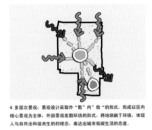

1. 开放系统: 项目做为曲靖市的标志性地段, 将以跨时代的面貌出现, 彻底打破城市现有的空间, 为城市注入新的动力; 引领周边地块, 整合城市资源, 带动城市发展, 体现出其独特的一面。

2. 轴线明确, 组团清晰: 地块内部将形成东西、南北两条轴线, 将区内各中心灵活贯穿起来; 形成四个中心, 即给城市提供公共活动的空间, 同时也给区内原住、工作者营造最大尺度生活空间。

3. 两条步行商业街, 打造商业核心地段, 提升城市品质。在设计小尺度精致的购物步行街的同时, 灵活带动区内整体商业, 将城市界面最大限度外露用于商业开发。商业流线清晰, 地块活力十足。

4. 多层次景观: 景观设计采取外"散"内"放"的形式, 形成以区内核心景观为主体, 外部景观发散联络的形式, 将地块融于环境, 体现人与自然和谐共生的理念, 表达出城市低碳生活的态度。

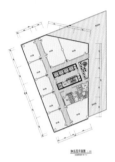

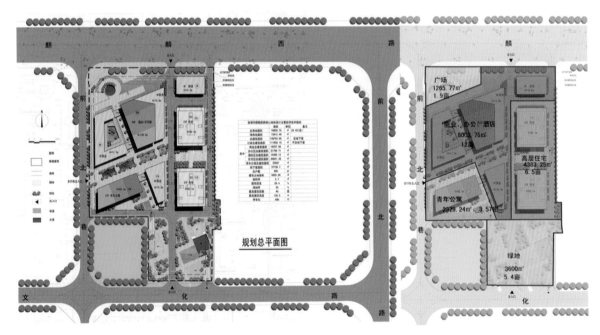

规划总平面图

曲靖市麒麟西路核心地块设计

三重门故事改写——昆明某商业综合体规划设计

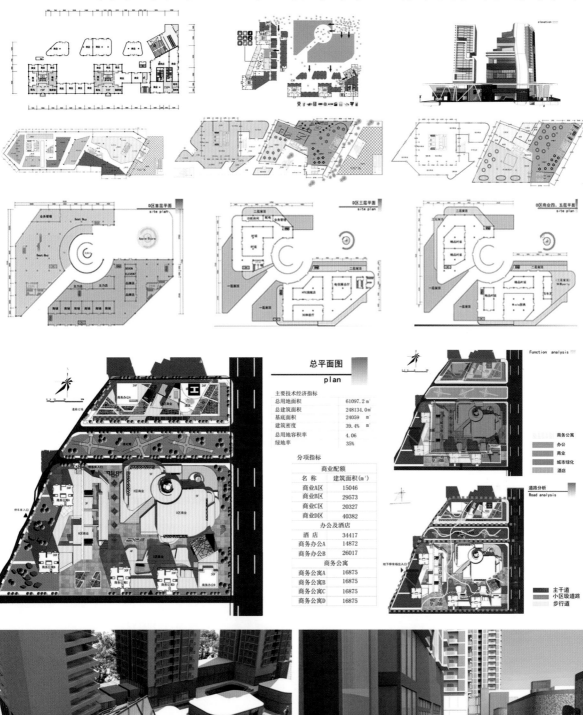

总平面图
plan

主要技术经济指标

总用地面积	61097.2 ㎡
总建筑面积	248134.0㎡
基底面积	24059 ㎡
建筑密度	39.4%
总用地容积率	4.06
绿地率	35%

分项指标

商业配额	
名 称	建筑面积(㎡)
商业A区	15046
商业B区	29573
商业C区	20327
商业D区	40382
办公及酒店	
酒 店	34417
商务办公A	14872
商务办公B	26017
商务公寓	
商务公寓A	16875
商务公寓B	16875
商务公寓C	16875
商务公寓D	16875

Function analysis

	商务公寓
	办公
	商业
	城市绿化
	酒店

道路分析
Road analysis

	主干道
	小区级道路
	步行道

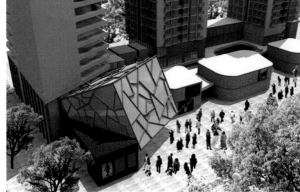

三重门故事改写　昆明某商业综合体规划设计

多元文化辐射下的新农村建设

红河县迤萨镇安邦村村庄保护与更新规划

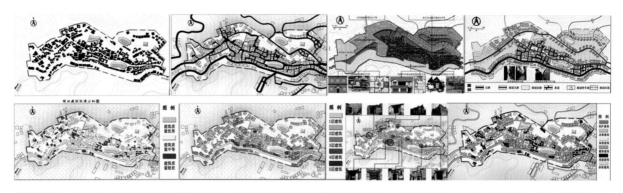

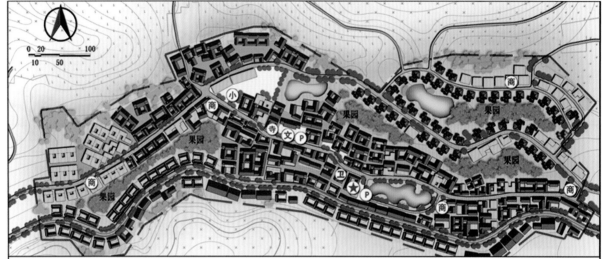

设计理念:安邦村村庄保护更新规划,通过当地建筑文化的深入调研分析,改造更新,将多元文化拼贴。旨在将安邦村打造成"马帮文化"、"土司文化"、"侨乡文化"等多元文化融合为一体的"江外建筑大观园"。

规划形成蘑菇房建筑风貌区、土掌房建筑风貌区、汉民居建筑风貌区及马帮文化建筑风貌区四块不同风格的民居组团。并通过自然景观的过渡,将不同文化影响下的建筑拼贴组合,充分体现安邦村多元文化影响下独特的村庄风貌。结合自然景观因素,规划设计建筑组团内部的绿地景观,将安邦村打造成为建筑文化丰富,自然景观优美,公共设施便利,历史建筑突出的边陲名村。

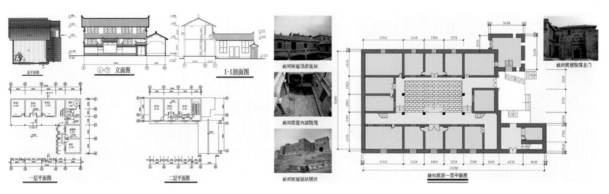

多元文化辐射下的新农村建设

松山战役遗址旅游配套建筑设计

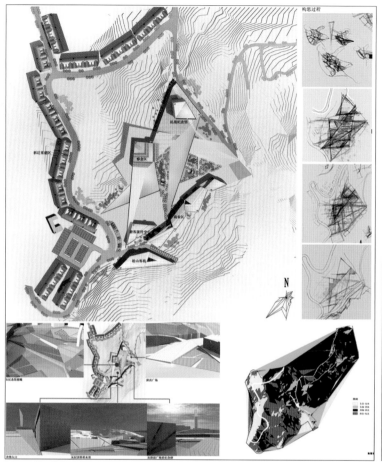

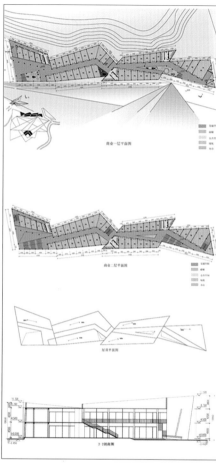

松山战役遗址旅游配套建筑设计

昆明市桃源村城中村配套小学建筑设计

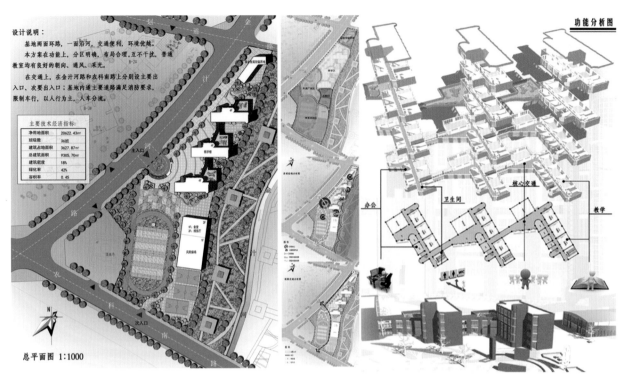

总平面图 1:1000

功能分析图

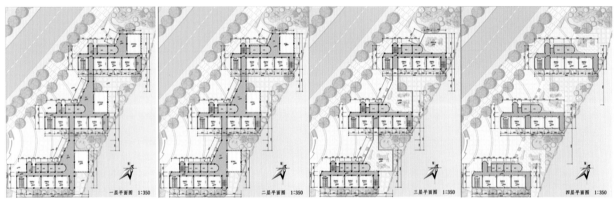

一层平面图 1:350　　二层平面图 1:350　　三层平面图 1:350　　四层平面图 1:350

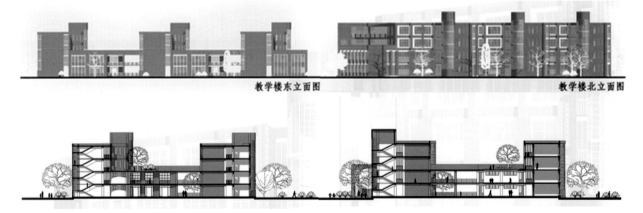

教学楼东立面图　　　　教学楼北立面图

昆明市桃源村城中村配套小学建筑设计

新民居设计与聚落文化景观整合发展

——以云南澜沧县惠民乡翁基布朗族村赛为例

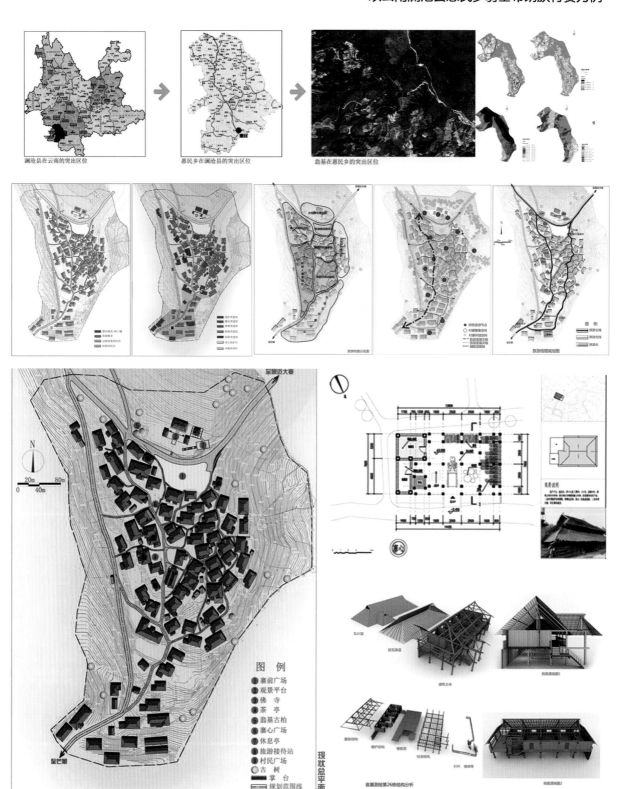

新民居设计与聚落文化景观整合发展

Children`s Hospital Design 儿童医院设计

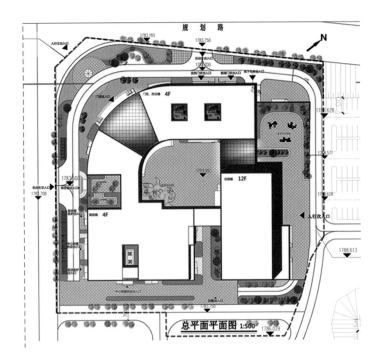

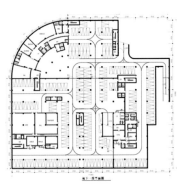

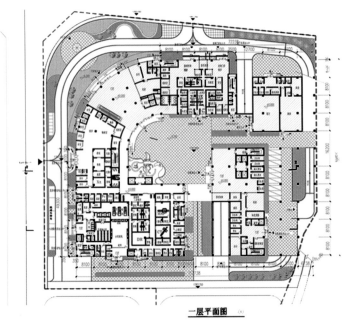

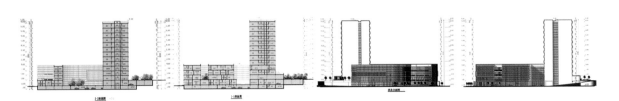

儿童医院设计   CHILDREN'S HOSPITAL DESIGN   雷 婷 邓丽威 侯思儒

Children`s Hospital Design 儿童医院设计

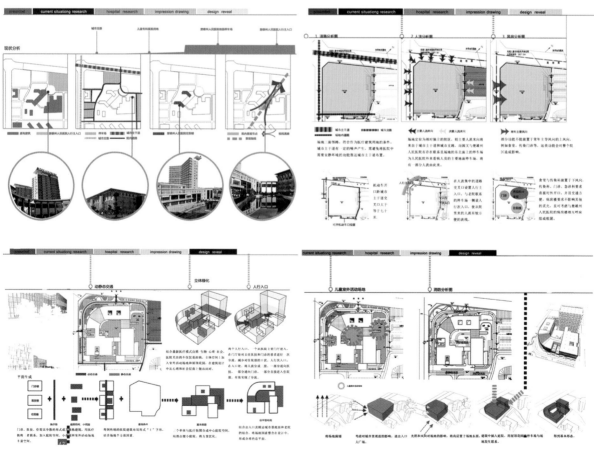

儿童医院设计　CHILDREN'S HOSPITAL DESIGN　　雷　婷　邓丽威　侯思儒

建筑与城市规划学院

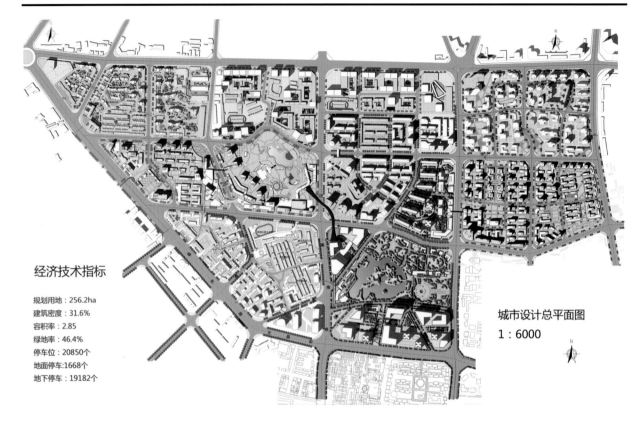

经济技术指标

规划用地：256.2ha
建筑密度：31.6%
容积率：2.85
绿地率：46.4%
停车位：20850个
地面停车：1668个
地下停车：19182个

城市设计总平面图
1：6000

曲靖市城市演变

  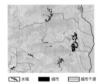 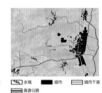

曲靖于秦朝时期便开始出现在人们的视野里，秦时的五尺道就是终于曲靖。曲靖最初建城因来源于军事防御，随着时间的推移由南城门向南沿麒麟南路一直往北发展，现已成为人口585.5万的大型城市。

| 动态交通分析图 | 静态交通分析图 | 公共交通分析图 | 公共服务设施分析图 | 绿地系统分析图 | 开发强度分析图 |

| 节点分析图 | 标志物分析图 | 界面分析图 | 用地性质分析图 | 规划前后肌理对比分析图 |

曲靖市中心城区城市设计　　　刘　琪　等

曲靖市中心城区城市设计

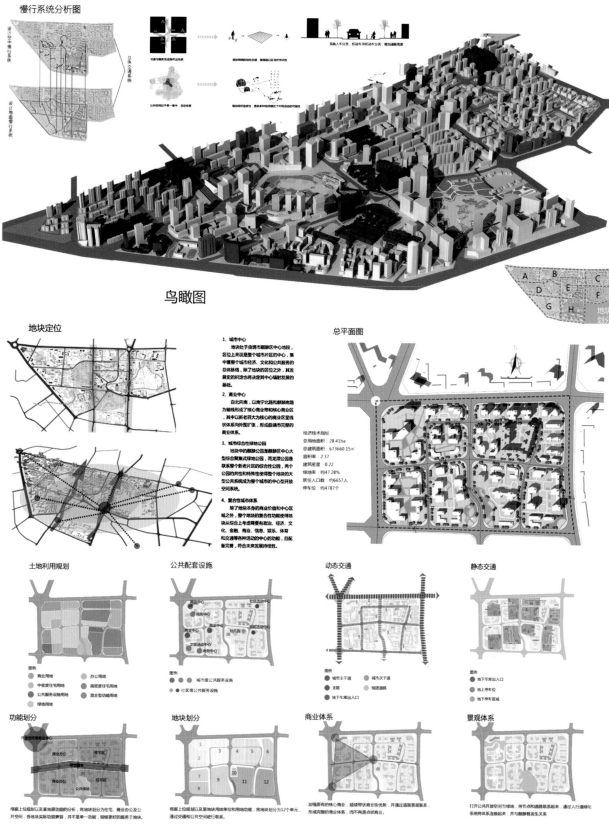

慢行系统分析图

实施人车分流，机动车非机动车分类，增加道路宽度

鸟瞰图

地块划分

地块定位

总平面图

1. 城市中心

2. 商业中心

3. 城市综合性绿地公园

4. 复合性城市体系

经济技术指标

总用地面积：28.41ha
总建筑面积：673660.15㎡
容积率：2.37
建筑密度：0.22
绿地率：约47.28%
居住人口数：约9657人
停车位：约4787个

土地利用规划

公共配套设施

动态交通

静态交通

功能划分

地块划分

商业体系

景观体系

曲靖市中心城区城市设计　　刘　琪　等

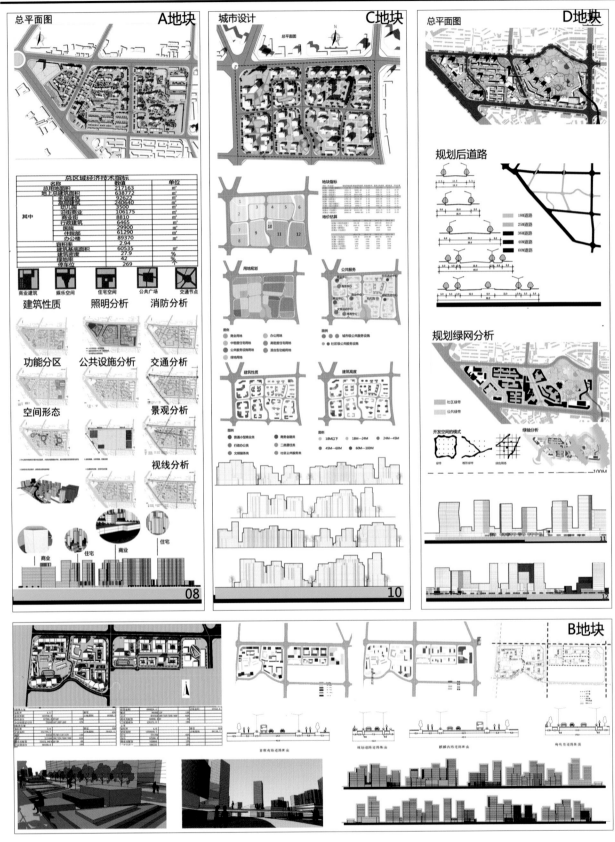

曲靖市中心城区城市设计　　刘　琪　等

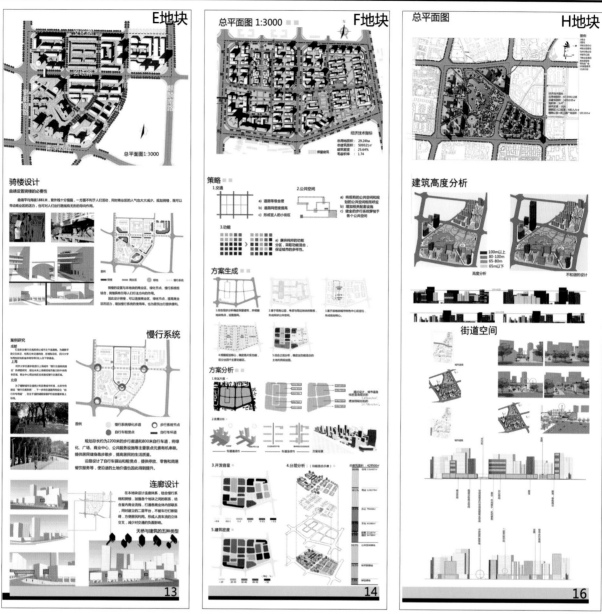

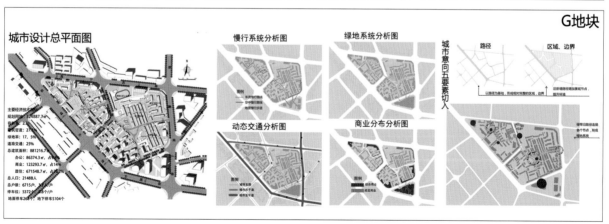

曲靖市中心城区城市设计　　　刘　琪　等

西双版纳基诺乡洛特老寨传统民居调研与设计

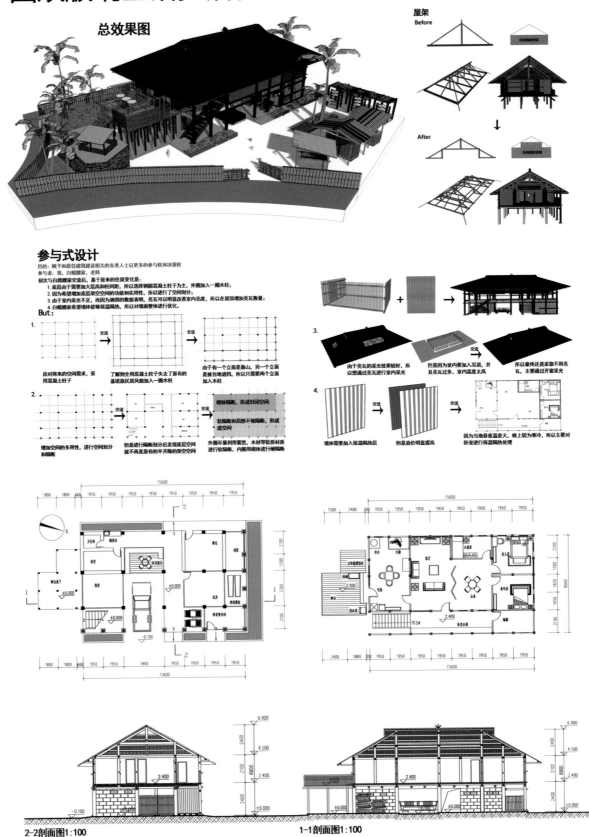

总效果图

屋架
Before

可利用的空间

After

参与式设计

目的：赋予和居住建筑建设相关的各类人士以更多的参与权和决策权
参与者：我，白蜡腰家，老师
初次与白蜡腰家交流后，基于原来的住屋变化是：
1. 底层由于需要加大层高和柱距，所以选择钢筋混凝土柱子为主，外部加入一圈木柱；
2. 因为希望增加底层架空空间的功能和实用性，所以进行空间划分；
3. 由于室内采光不足，而因为测得的数据表明，亮瓦可行现显改善室内亮度，所以在屋顶增加亮瓦数量；
4. 白蜡腰家希望墙体能够保温隔热，所以对墙面整体进行优化。

But：

1.
应对将来的空间需求，采用混凝土柱子

了解到全用混凝土柱子失去了原有的基诺族民居风貌，所以需要两个立面加入木柱

由于有一个立面是靠山，另一个立面是被台地遮挡，所以只需要两个立面加入木柱

2.
增加空间的多用性，进行空间划分和隔断

但是进行隔断划分后发现底层空间就不再是原有的半开敞的架空空间

砌体隔断，形成封闭空间
软隔断和局部不做隔断，形成虚空间
外围尽量利用竹笆，木材等软质材料进行软隔断，内围用砌体进行硬隔断

3.
由于亮瓦的采光效果较好，所以想通过亮瓦进行室内采光

但是因为室内要加入吊顶，并且亮瓦过多，室内温度太高

所以最终还是采取不用亮瓦，主要通过开窗采光

4.
墙体需要加入保温隔热层

但是造价明显提高

因为当地昼夜温差较大，晚上比较寒冷，所以主要对卧室进行保温隔热处理

2-2剖面图1:100

1-1剖面图1:100

西双版纳基诺乡洛特老寨传统民居调研与设计　　　　　杨卓琼 等

西双版纳基诺乡洛特老寨传统民居调研与设计

乡土技术和材料的利用

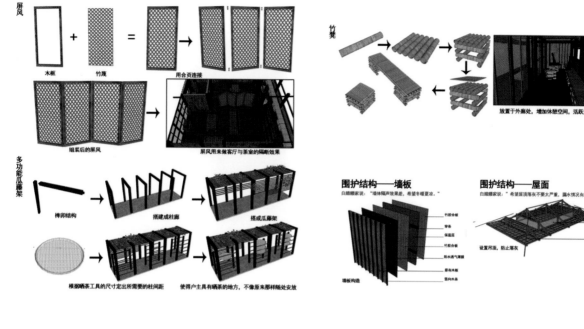

屏风

木框 + 竹蔑 = 用合页连接

组装后的屏风

屏风用来做客厅与茶室的隔断效果

竹凳

放置于外廊处，增加休憩空间，活跃空间氛围

多功能瓜藤架

榫卯结构 → 搭建成柱廊 → 搭成瓜藤架

根据晒茶工具的尺寸定出所需要的柱间距

使得户主具有晒茶的地方，不像原来那样随处安放

围护结构——墙板

白腊螺家说："墙体隔声效果差，希望冬暖夏凉。"

竹胶合板
穿斗
保温层
竹胶合板
防水透气膜板
原有木条
竖向木条

墙板构造

围护结构——屋面

白腊螺家说："希望屋顶落灰不要太严重，漏水情况有所改善。"

竹蔑
吊顶龙骨

设置吊顶，防止落灰

建构

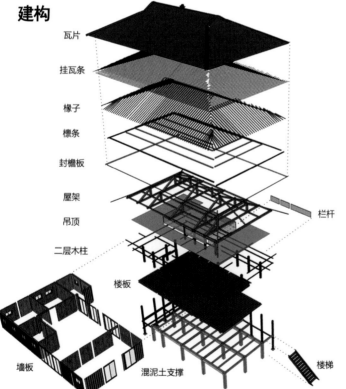

瓦片
挂瓦条
椽子
檩条
封檐板
屋架
吊顶
二层木柱
楼板
墙板
混泥土支撑

栏杆
楼梯

立面效果图

材料	所用位置	材料	所用位置	材料	所用位置
木材	柱子、墙板、楼板，屋顶框架，楼梯	竹材	楼板原竹楼楞，栏杆，墙板	挂瓦	屋顶的铺盖层
玻璃	窗子	混凝土	柱子，柱础	黏土	楼板轻质黏土层，火塘

西双版纳基诺乡洛特老寨传统民居调研与设计　　　杨卓琼 等

建筑与城市规划学院

昆明濒危动植物收容拯救中心方案设计

方案过程

型体生成过程

1.场地抬升
形成空间

2.划分单元
形成秩序

3.下沉庭院
通风采光

4.划分单体
功能分区

5.景观轴线
贯穿场地

6.单体错位
丰富空间

7.单体连接
流线连续

8.单体抬升
满足面积

9.层层错落
形成平台

10.平台连接
形成整体

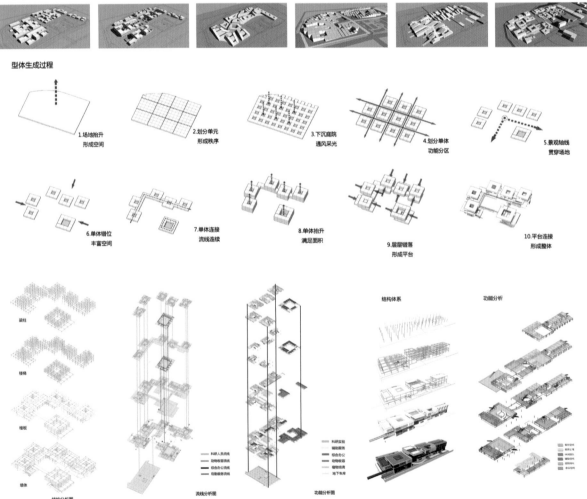

梁柱

楼梯

楼板

墙体

结构分析图

流线分析图

功能分析图

结构体系

功能分析

昆明濒危动植物收容拯救中心方案设计　　邓　俊　蒲伟民　李　直　杨泽群

昆明濒危动植物收容拯救中心方案设计

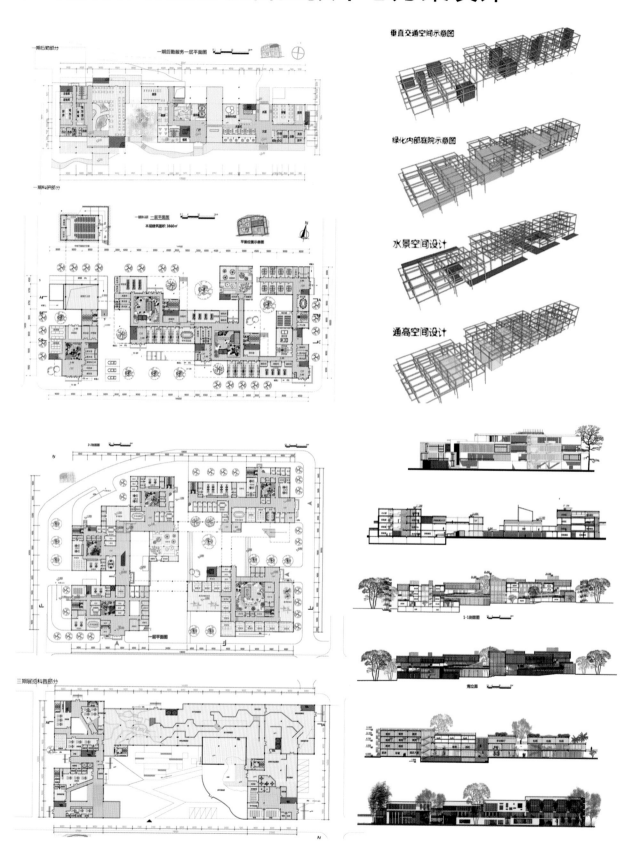

昆明濒危动植物收容拯救中心方案设计　　　邓　俊　蒲伟民　李　直　杨泽群

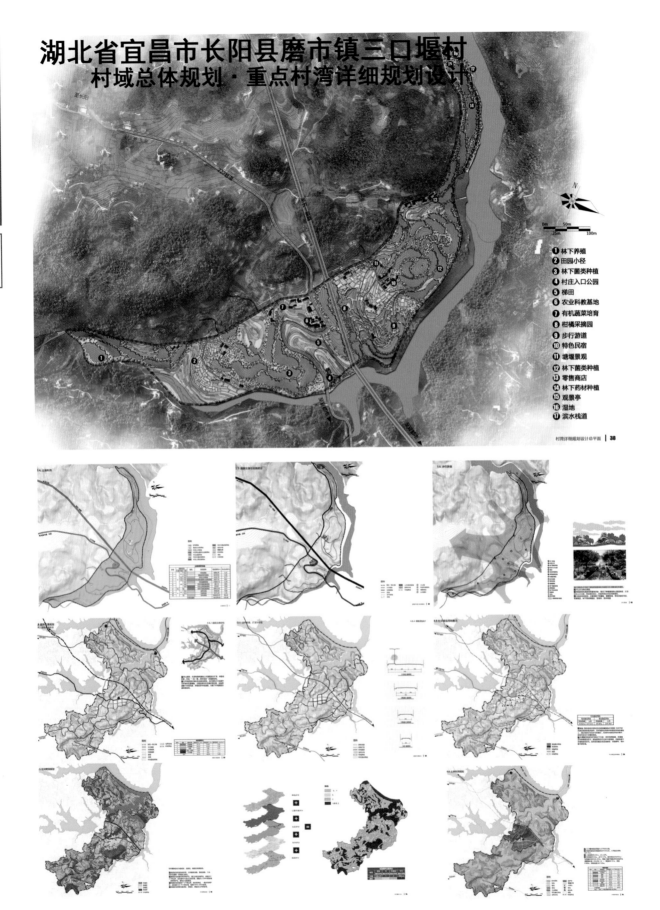

建筑与城市规划学院

湖北省宜昌市长阳县磨市镇三口堰村
村域总体规划·重点村湾详细规划设计

❶ 林下养殖
❷ 田园小径
❸ 林下菌类种植
❹ 村庄入口公园
❺ 梯田
❻ 农业科教基地
❼ 有机蔬菜培育
❽ 柑橘采摘园
❾ 步行游道
❿ 特色民宿
⓫ 塘堰景观
⓬ 林下菌类种植
⓭ 零售商店
⓮ 林下药材种植
⓯ 观景亭
⓰ 湿地
⓱ 滨水栈道

村湾详细规划设计总平面 | 38

湖北省宜昌市长阳县磨市镇三口堰村　村域总体规划 重点村湾详细规划设计　　李盈秀 等

湖北省宜昌市长阳县磨市镇三口堰村
村域总体规划·重点村湾详细规划设计

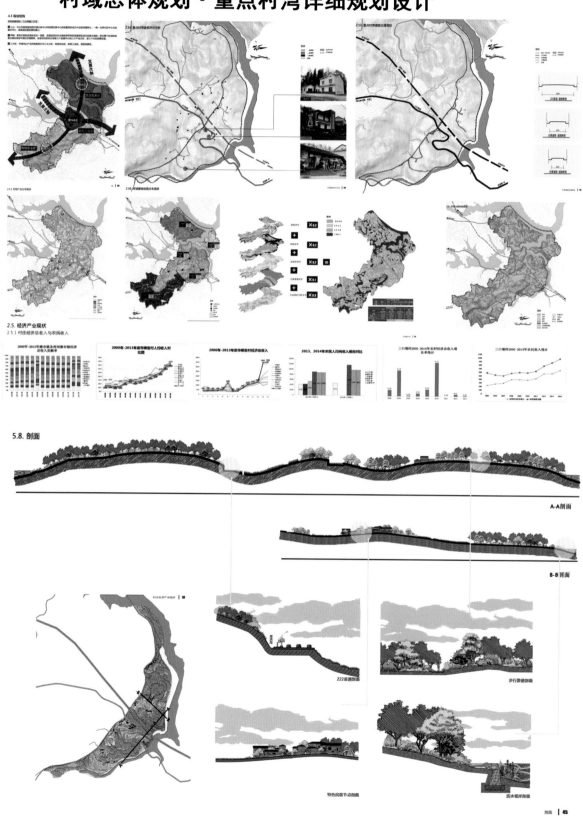

湖北省宜昌市长阳县磨市镇三口堰村　村域总体规划 重点村湾详细规划设计　　李盈秀 等

行为学语境下校园综合体探索

云秀康园中学规划方案设计

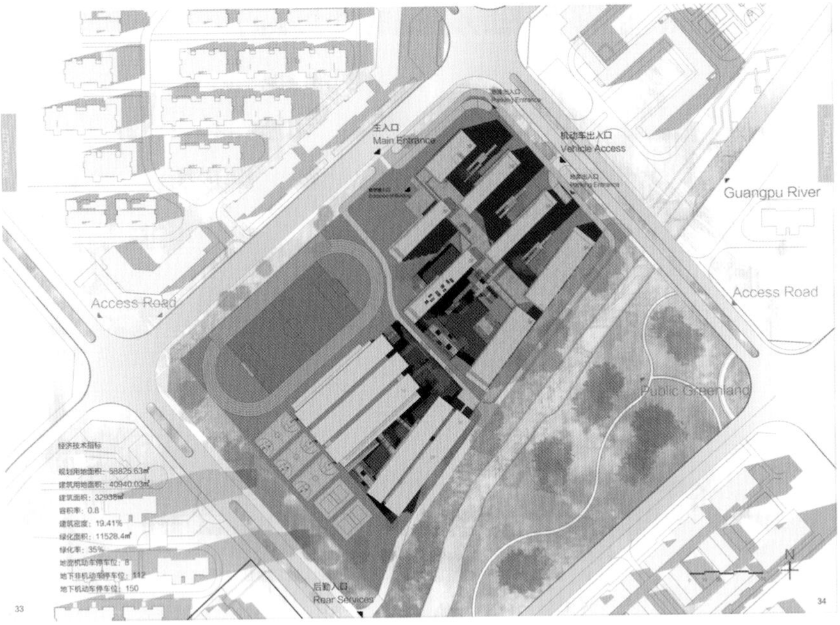

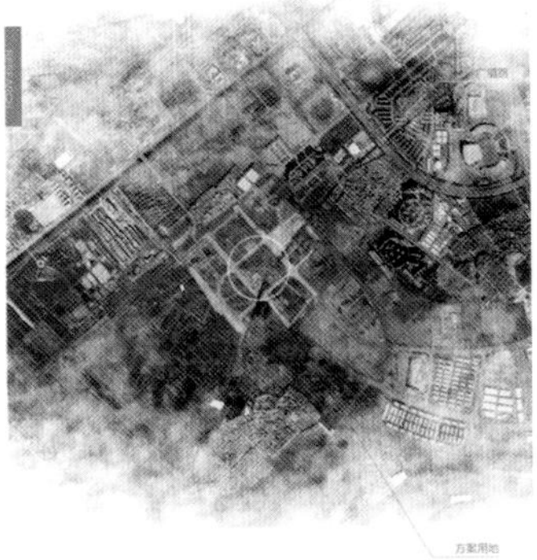

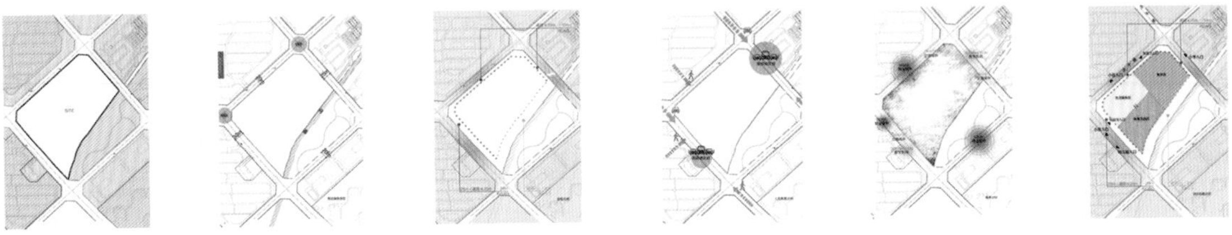

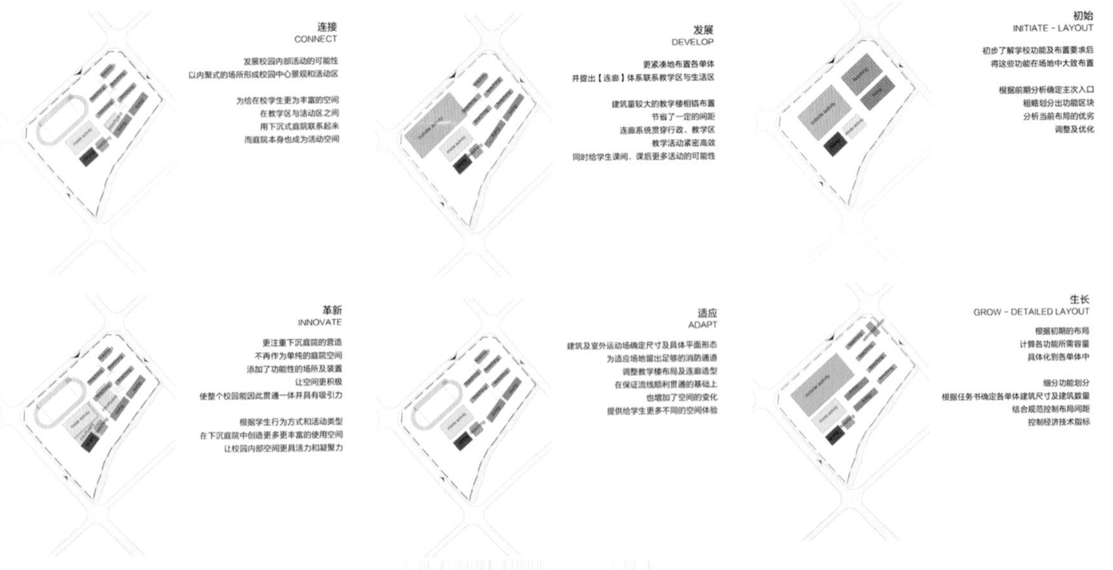

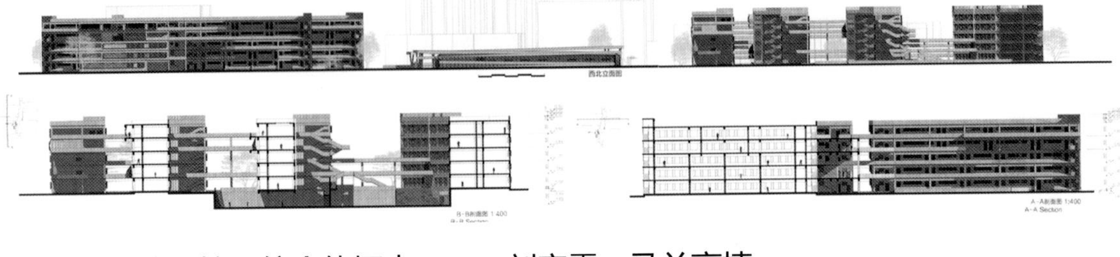

建筑与城市规划学院

连接
CONNECT

发展
DEVELOP

初始
INITIATE - LAYOUT

革新
INNOVATE

适应
ADAPT

生长
GROW - DETAILED LAYOUT

行为学语境下校园综合体探索　　　刘宇霆　马兰高捷

行为学语境下校园综合体探索

云秀康园中学规划方案设计

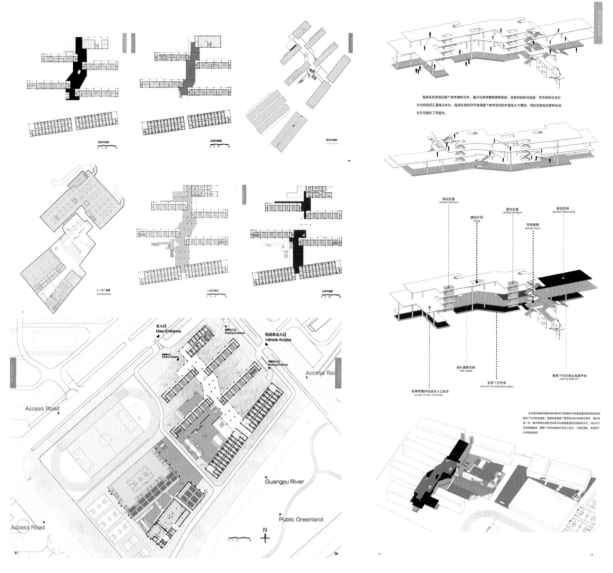

行为学语境下校园综合体探索　　刘宇霆　马兰高捷

Bridge. Forest & Rurality   筑桥、造林与 田园生活

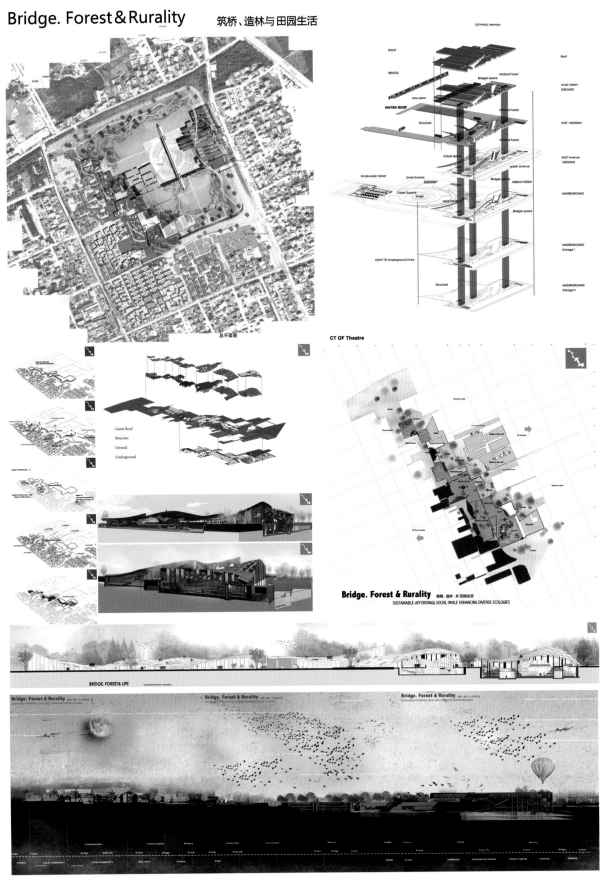

筑桥、造林与田园生活   郭骏超 祁 祺 王 策

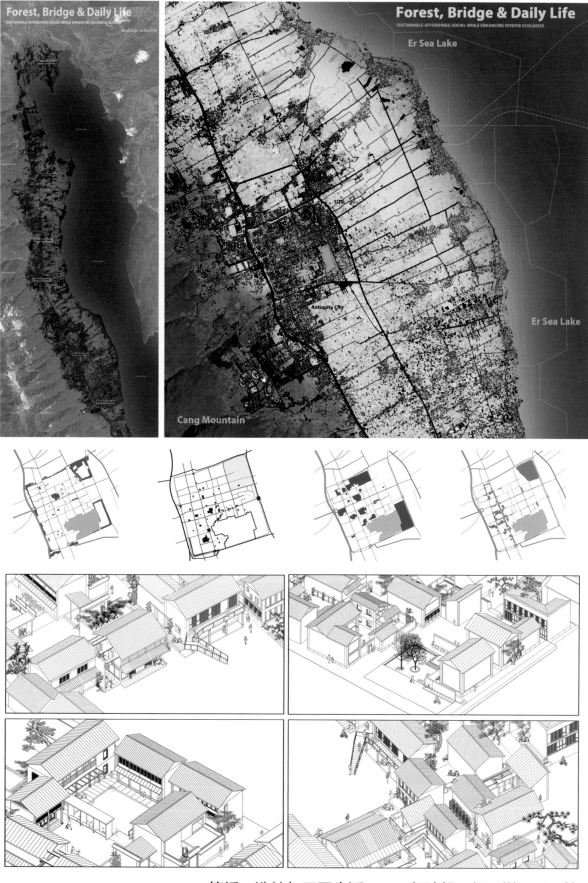

筑桥、造林与田园生活　　　郭骏超　祁　祺　王　策

基于"语境"大理古城北水库片区城市更新设计

查竹君　于超奇　曹佳玮

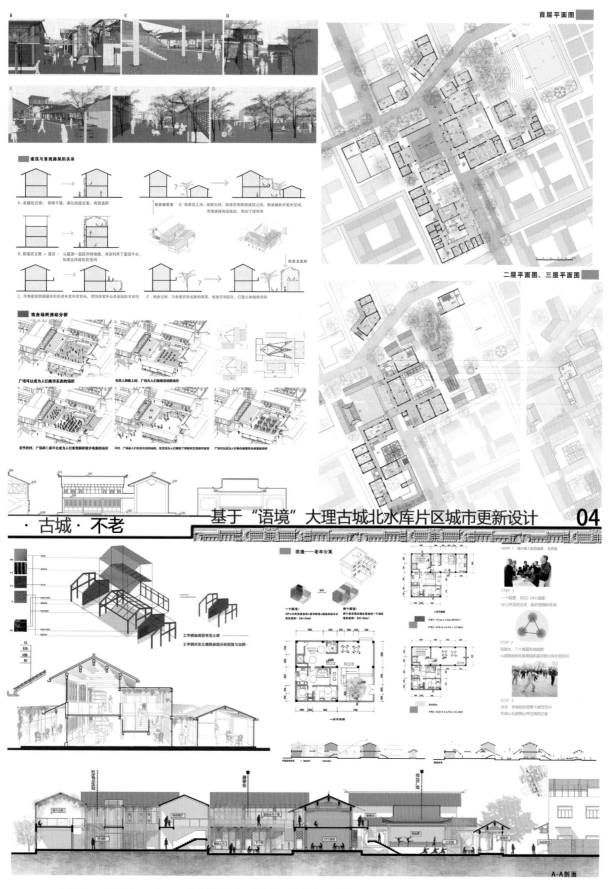

首层平面图

二层平面图、三层平面图

·古城·不老　　　　　基于"语境"大理古城北水库片区城市更新设计　　04

基于"语境"大理古城北水库片区城市更新设计　　　查竹君　于超奇　曹佳玮

SPONTANEOUS COMMUNITY 自发式交流
City energy generator design 城市活力发生器设计 4

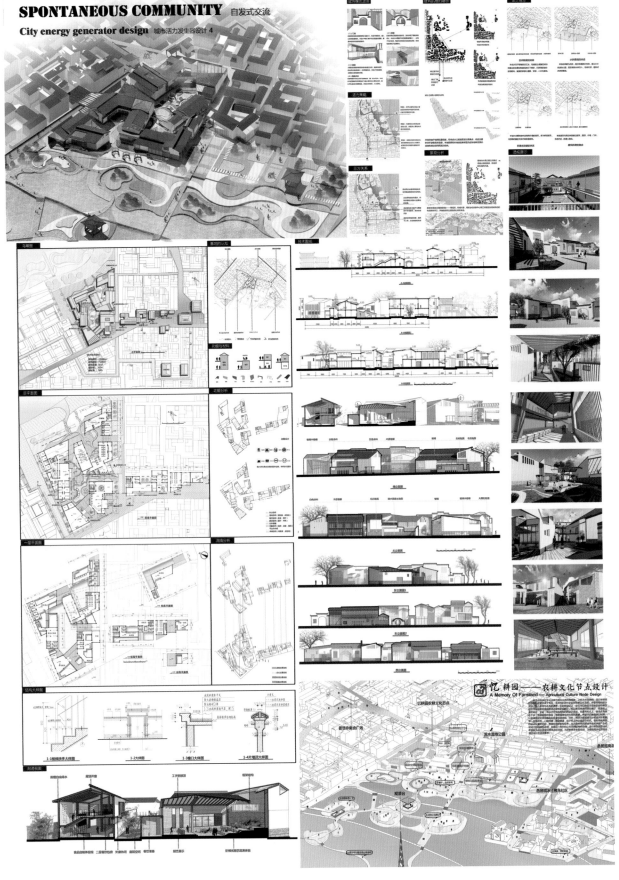

自发式交流　CITY ENERGY GENEROTAR DESIGN　　　桑蓉琪 等

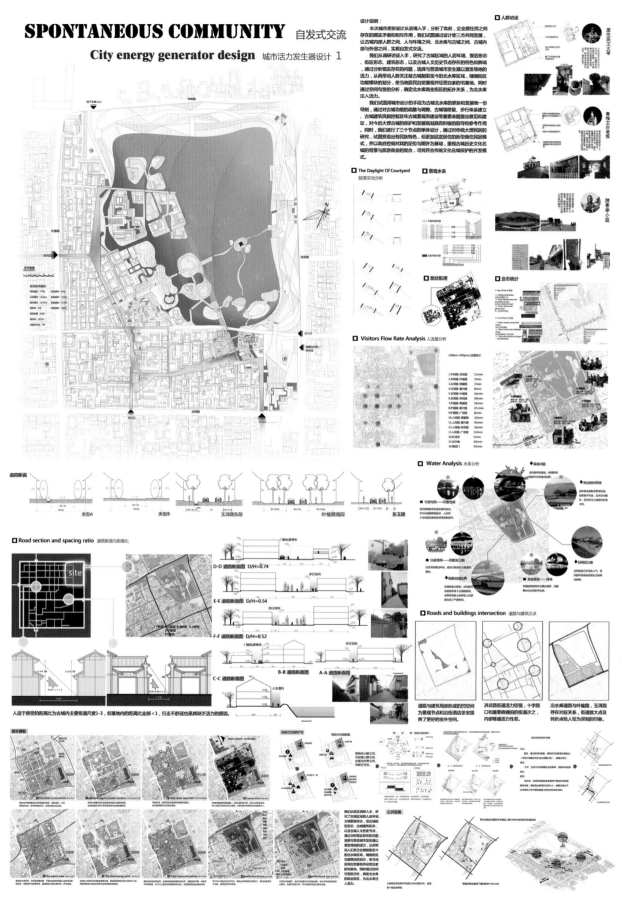

SPONTANEOUS COMMUNITY 自发式交流
City energy generator design 城市活力发生器设计 1

自发式交流　CITY ENERGY GENEROTAR DESIGN　　桑蓉琪 等

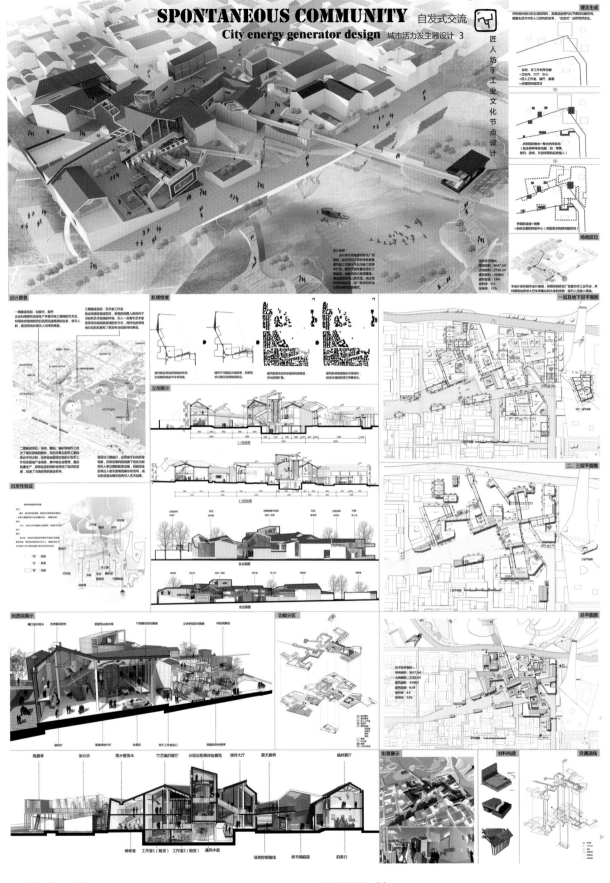

自发式交流　CITY ENERGY GENEROTAR DESIGN　　　桑蓉琪 等

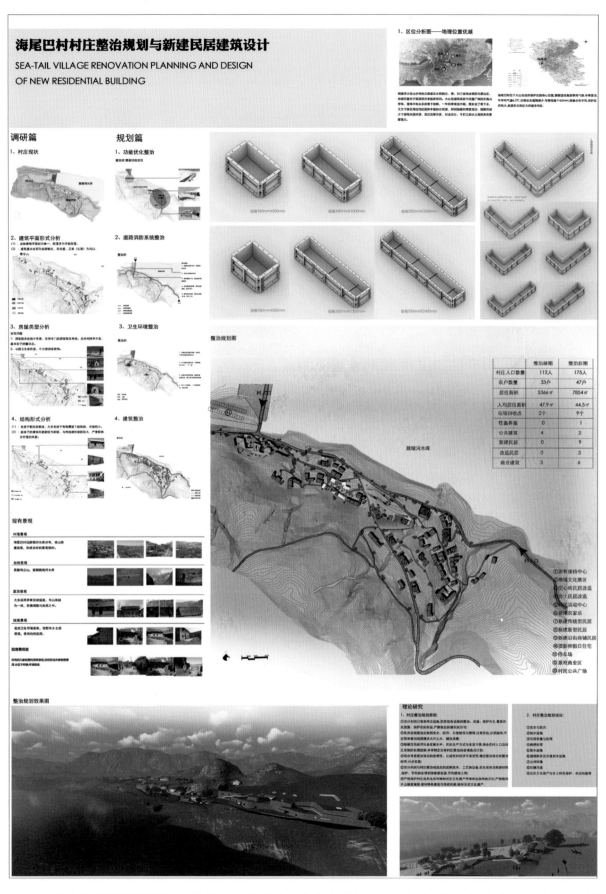

海尾巴村村庄整治规划与新建民居建筑设计

SEA-TAIL VILLAGE RENOVATION PLANNING AND DESIGN OF NEW RESIDENTIAL BUILDING

大山包黑颈鹤保护区传统屋顶更新研究与设计　　　解振宇　闫留超　吕江南　等

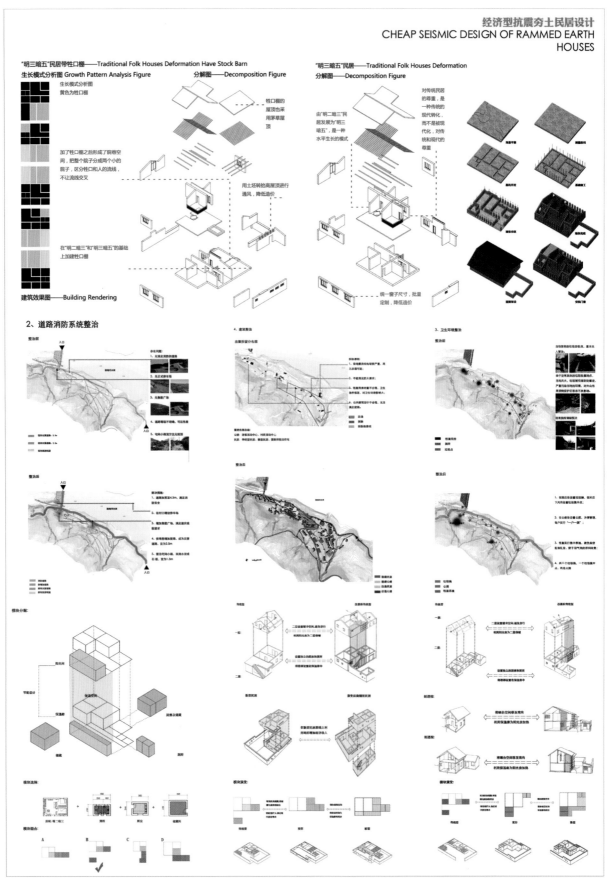

"明三暗五"民居带牲口棚——Traditional Folk Houses Deformation Have Stock Barn
生长模式分析图 Growth Pattern Analysis Figure
分解图——Decomposition Figure

"明三暗五"民居——Traditional Folk Houses Deformation
分解图——Decomposition Figure

建筑效果图——Building Rendering

2、道路消防系统整治

4、建筑整治

3、卫生环境整治

大山包黑颈鹤保护区传统屋顶更新研究与设计　　解振宇　闫留超　吕江南　等

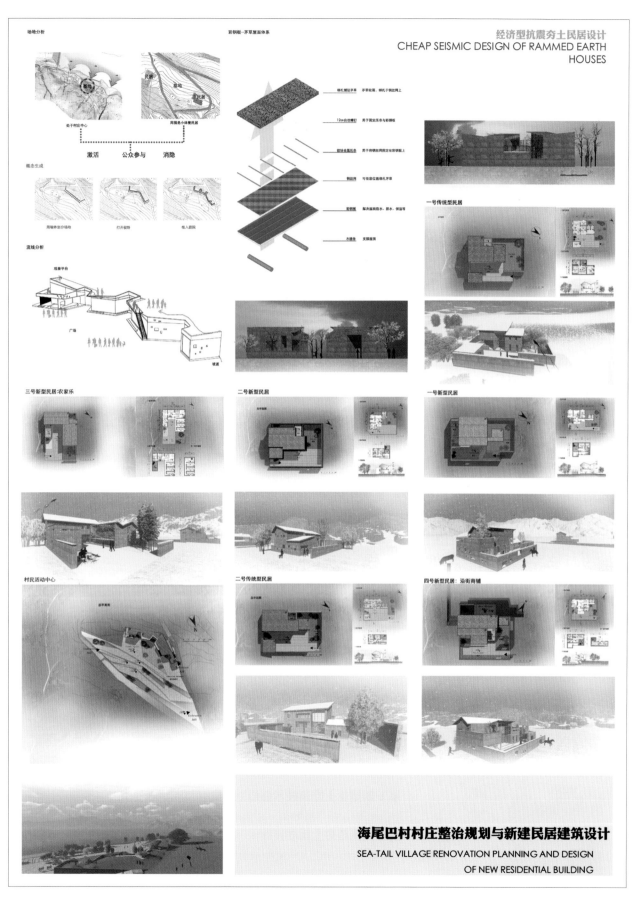

经济型抗震夯土民居设计

CHEAP SEISMIC DESIGN OF RAMMED EARTH HOUSES

海尾巴村村庄整治规划与新建民居建筑设计

SEA-TAIL VILLAGE RENOVATION PLANNING AND DESIGN OF NEW RESIDENTIAL BUILDING

大山包黑颈鹤保护区传统屋顶更新研究与设计　　解振宇　闫留超　吕江南　等

建筑与城市规划学院

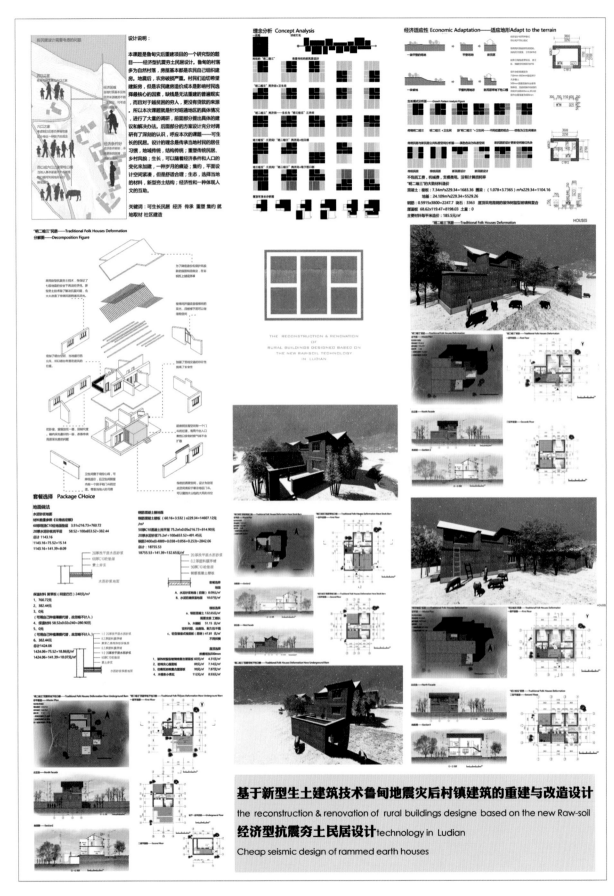

大山包黑颈鹤保护区传统屋顶更新研究与设计　　　　解振宇　闫留超　吕江南　等

大山包黑颈鹤保护区传统屋顶更新研究与设计　　解振宇　闫留超　吕江南　等

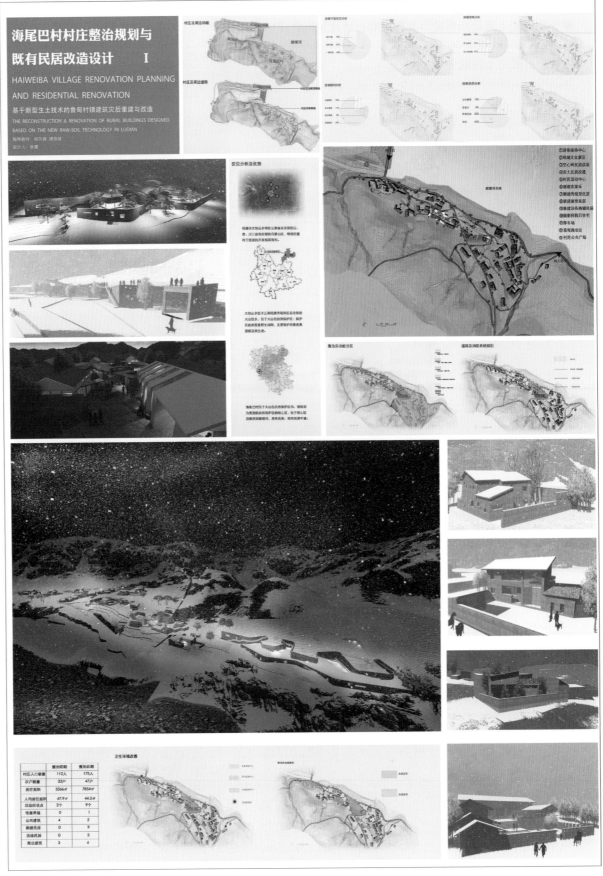

大山包黑颈鹤保护区传统屋顶更新研究与设计　　解振宇　闫留超　吕江南　等

大山包黑颈鹤保护区传统屋顶更新研究与设计　　解振宇　闫留超　吕江南　等

后 记 ■

本集萃从编撰设想到最终定稿，历经半年有余，现在终将付梓了。掩卷沉思，抚今追昔，不禁让人浮想联翩。

集萃共收录了 125 份建筑学专业学生设计作业，是从近千份作业中梳理甄选出来的。其各具特色，无论从设计理念到设计深度，从设计表达到图面表现，均有不少可圈可点之处。这 125 份设计作业跨越了整整十年，这也是我们建筑学专业长足进步的十年。本集萃从一个侧面记录了这十年过程中我们同学对建筑学的关注焦点、设计思想和表达诉求，展现了学院建筑学教学的成绩与成果。从这一意义上讲，本集萃不仅仅是展示作业本身，更是一幅学院人才培养与教学进步的时代画卷。

十年树木，百年树人。同学们进步成长的背后，是一批批建筑学教师努力耕耘和艰辛的付出。十年来不断有新的教师加入了这个行列，他们对教育事业的执着追求，无私奉献，培育了一届又一届的建筑学新人。他们犹如闪烁的繁星，映衬在建筑教育壮丽的星空。

在本集萃的编辑过程中，我们得到学院学术委员会、院系领导及我院教师、同学的全力支持与鼓励。一年级组长黎南、二年级组长肖晶、三年级组长叶涧枫、四年级组长忽文婷、五年级组长张欣雁，对作业的前期筛选工作付出了很多辛劳。吴浩老师研发的 OR 电子评图系统为本书的编汇提供了许多便利和帮助。2011 级的周越、齐啸、卜昕翔和孙成远；2012级的李张祎梦和任道怡等，在对设计作业的摘选编辑过程中给予了大力协助。谨此，对大家的热情支持和辛勤付出表示衷心感谢。

本集萃为学院出版的第一卷学生作品选编，由于时间紧迫，难免有不少疏漏和遗误，还望读者海涵理解，并予以批评斧正。由于有些图纸没有署名，学生也已毕业多年，固在集萃中没有署名，特此说明并致歉。

叶涧枫

2016 年 1 月于昆明